KB179378

지니어스
수학 퍼즐

ⓒ 김용희, 2015

초판 1쇄 인쇄일 2015년 1월 9일
초판 1쇄 발행일 2015년 1월 14일

지은이 김용희
펴낸이 김지영 **펴낸곳** 지브레인^{Gbrain}
편집 김현주
마케팅 김동준 · 조명구 **제작 · 관리** 김동영

출판등록 2001년 7월 3일 제2005-000022호
주소 121-895 서울시 마포구 어울마당로 5길 25-10 유카리스티아빌딩 3층
(구. 서교동 400-16 3층)
전화 (02)2648-7224 **팩스** (02)2654-7696

ISBN 978-89-5979-365-5 (04410)
978-89-5979-366-2 (SET)

· 책값은 뒤표지에 있습니다.
· 잘못된 책은 교환해 드립니다.
· Gbrain은 작은책방의 교양 전문 브랜드입니다.

genius
지니어스

수학

천 재 들 의 아 이 큐 에 도 전 한 다 !

퍼즐

김용희 지음

지브레인

퍼즐하면 그림을 여러 조각으로 나눠 맞추는 1000조각 직소 퍼즐이 먼저 떠오를 수도 있다. 아니면 스도쿠를 떠올리거나 아이를 키우는 부모라면 칠교놀이나 탱그램을 떠올리기도 한다. 또는 신문 어딘가에 있는 낱말 퍼즐이 생각날 수도 있다. 이 모두가 다 퍼즐이다.

넓게 보면 놀이로 풀어보는 수수께끼 전부를 말하는 퍼즐은 논리적인 생각과 지식을 필요로 하며 퍼즐에 따라서는 엉뚱한 발상으로 당황스럽게 만들기도 한다. 따라서 퍼즐은 즐겁게 놀면서 관련 지식을 얻고 허를 찌르는 문제와 숨겨진 속임수에 감탄하게 되는, 세대를 막론하고 누구나 즐길 수 있는 놀이이다.

퍼즐은 크게 언어퍼즐과 수학퍼즐로 나눌 수 있는데 언어퍼즐은 낱말퍼즐, 문장퍼즐, 스무고개 등이 있고 수학퍼즐에는 숫자퍼즐, 논리퍼즐, 도형퍼즐 등이 있다.

지나가는 사람에게 수수께끼를 내고 못 맞추면 잡아먹던 스핑크스 이야기 속 퍼즐은 언어 퍼즐이다. 더하기 빼기 곱하기 나누기만 알면 풀 수 있는 숫자퍼즐은 계산 능력 향상을 위해 재미있는 놀이로 개발된 수학퍼즐이다.

유명한 과학자나 수학자, 철학자들은 다각형을 분할하고 새로운 다각형을 만드는 도형퍼즐을 즐겼다. 중국에서 유럽으로 전달된 탱그램은 나폴레옹이나 루이스 캐럴 등 우리가 아는 유명인사들이 즐긴 도형퍼즐이다.

19세기 후반에서 20세기 초 퍼즐의 황금시대를 연 샘 로이드와 헨리 듀드니 같은 퍼즐작가들은 더 다양한 형태의 퍼즐을 소개하고 발전시켰다.

《지니어스 수학 퍼즐》에는 전 세계의 오랜 역사 속에서 즐겼던 다양한 수학 퍼즐 문제들을 소개했다. 《지니어스 수학 퍼즐》을 준비하며 고대 그리스부터 최근까지 다양한 퍼즐을 살펴보는 동안 고정관념을 벗어나 유연한 사고를 통해 생각을 다변화시킨다는 것이 그리 쉽지 않다는 것을 깨닫게 되었다. 재미와 지식을 함께 전달하기 위해 노력한 만큼 여러분도 말랑말랑해지는 뇌를 느끼길 바라며, 쉬워 보이지만 결코 쉽지만은 않은 문제들을 풀면서 퍼즐의 재미를 느낄 수 있었으면 좋겠다.

지금부터 총 60개의 퍼즐을 통해 인류가 수를 사용하면서부터 시작된 다양한 수학퍼즐 문제를 만나보도록 하자.

2014. 11. 김용희

당신의 노력을 보여주세요~ 빠라 빠~

세상에서 가장 오래된 수학 퍼즐 – 린드 파피루스

린드 파피루스에 다음과 같은 글이 적혀 있었다.

집	7
고양이	49
쥐	343
보리	2401
되	16807
	19607

이 숫자들이 의미하는 것은 무엇일까?

유리수의 사칙연산인 덧셈 · 뺄셈 · 곱셈 · 나눗셈 문제.

린드 파피루스

1858년 겨울, 스코틀랜드의 골동품 수집가였던 헨리 린드는 휴양도 하고 여행도 할 겸 이집트로 떠났다. 그가 이집트 룩소르에 당도하여 왕가의 계곡을 구경하고 있을 때 한 이집트인이 다가와 테베의 고대 폐허에서 발견된 오래된 파피루스를 소개했다.

그 파피루스는 기원전 1650년경에 이집트의 서기관 아메스가 쓴 문서로, 도형의 넓이나 부피를 구하는 문제들과 단위분수의 계산법. 피라미드의 높이나 기울기 등에 관한 문제들이 적혀 있었다. 일종의 수학 문제집이었던 린드 파피루스에는 Q1.의 식도 적혀 있었다.

'린드 파피루스' 혹은 '아메스 파피루스'라고 불리는 이 파피루스 중 계산 문제가 유럽으로 전해지면서 오랜 세월 수수께끼로 응용되어왔으며 '마더구스' 수수께끼도 그중 하나이다.

아래 그림에 나오는 여러 가지 모양을 가지고 정사각형을 만들어보자.

도형의 분할과 재구성에 관한 다각형 변형 문제.

스토마키온^{Stomachion} 퍼즐

아르키데메스의 상자라고도 불리는 스토마키온 퍼즐은 정사각형을 여러 개의 도형으로 분할한 후 모양을 맞추는 퍼즐로 중국의 칠교놀이와 비슷하다.

칠교놀이는 중국에서 유래한 퍼즐 놀이로, 큰 정사각형을 직각이등변삼각형과 정사각형 등 총 7개의 조각으로 잘라 이 7조각을 모두 사용해 사람, 동물, 식물, 건물, 글자 등 온갖 모양을 만드는 놀이이다. 중국에서는 '지혜판'이라고도 불렸으며 전 세계에는 탱그램^{Tangram}으로 소개되었다.

칠교놀이의 다양한 예 © CC-BY-SA-3.0: Philam12

물이 가득 든 왼쪽 물통에 오른쪽 공을 넣었더니 물이 넘쳐흘렀다. 넘쳐 흐른 물의 부피와 남은 물의 높이를 구하여라.

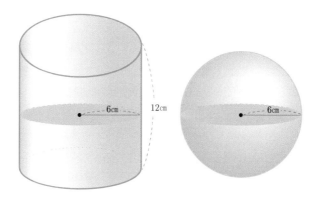

부력과 원기둥과 구의 부피 관계를 응용한 문제.

'유레카!'

목욕탕에 들어갔다가 넘치는 물을 보며 부력에 대해 깨닫게 된 아르키메데스가 벌거벗은 채로 유레카를 외치며 거리를 뛰어다녔다는 일화는 유명하다.

부력을 이용하여 히에론 왕의 금관이 순금인지 알아낸 아르키메데스는 에라토스테네스에게 〈방법〉이란 이름으로 편지를 보내 자신의 연구를 소개하면서 이것이 새로운 발견의 밑거름이 되었으면 한다는 바람을 나타냈지만 불행히도 19세기에야 그 가치를 인정받게 되었다.

아르키메데스의 연구 중 특히 유명한 세 가지는 다음과 같다.

1. 원주율 값을 소수점 둘째 자리까지 구했다.
   원에 외접, 내접하는 정96각형을 이용하여 원주율을 계산했다.

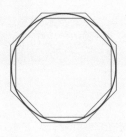

2. 구와 원기둥의 부피 관계: 반지름 r 이 같을 때 구의 부피는 원기둥 부피의 $\frac{2}{3}$ 이다.
   이를 증명해낸 아르키메데스는 너무 자랑스러워 자신의 묘비에도 원기둥 안에 구와 원뿔이 들어 있는 그림을 새기길 원했다.

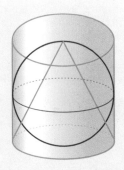

3. 포물선과 직선으로 둘러싸인 도형
의 넓이는 그 안에 내접하는 삼각
형의 넓이의 $\frac{4}{3}$이다. 이는 곡선 안
에 내접하는 삼각형을 계속 그려서
그 넓이를 구하는 방법으로 미적분
학의 기본이 되었다.

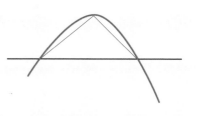

아르키메데스는 이와 같은 수많은 수학적 업적 외에도 여러 가지 기계를
발명하여 실생활에 이용한 것으로도 유명하다.

유레카를 외치는 아르키메데스

아르키메데스의 거울

기원전 287년경 시라쿠사에서 태어나 기원전 212년 무렵 75세의 나이로 사망한 아르키데메스는 수학자이자 철학자였으며 워터스크류나 지레 등을 이용한 생활 기구를 제작하기도 했다.

시라쿠사 섬이 포에니 전쟁 때 로마군의 공격을 받자 아르키메데스는 무거운 금속 갈고리를 단 밧줄을 시라쿠사 해안으로 접근하는 로마 함대에 던져 고정한 후 지레를 이용하여 배를 뒤집거나 거울에 태양빛을 모아 적의 배를 태우기도 했다.

하지만 결국 시라쿠사는 로마군에게 함락당했고 연구에만 몰두하던 아르키메데스는 무지한 로마 병사의 칼에 죽고 말았다.

〈아르키메데스의 갈고리 공격〉을 표현한 토머스 랄프 스펜스 작품

로마 전함을 불태운 아르키메데스에 대한 기록은 여러 과학자들의 호기심을 자극했다.

1973년 그리스의 과학자 로아니스 사카스는 가로 1.5m 세로 1m의 거울 70개로 50m 떨어진 모형 로마 범선에 불을 붙이는 데 성공했다.

2005년에는 미국 메사추세츠 공과대학 학생들이 도전하였으나 구름이 태양을 가리는 바람에 실패했다. 하지만 이후에 호기심 해결사라는 텔레비전 프로그램에서 다시 시도했을 때는 낚싯배에 불꽃이 일어났다.

이와 같은 실험 결과 구리나 청동으로 제작된 거울을 포물선 모양으로 배치하여 초점 거리를 맞추면 실제로 불을 붙일 수도 있다는 것이 확인되었다.

아르키메데스의 죽음

빈 네모칸에 각각 다른 숫자를 써서 가로, 세로, 대각선의 합이
같아지도록 알맞은 숫자를 넣어라.

	1	
	5	

해답 145p

육각형의 꼭지점의 합이 50이 되도록 네 개의 육각형 꼭지점
에 1~16까지의 숫자를 중복되지 않게 넣어보아라.

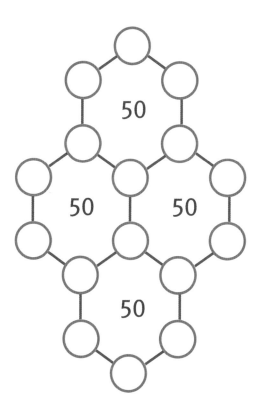

〈지수귀문도〉 응용문제.

해답 146p

마방진

　중국의 숫자퍼즐인 마방진은 정사각형의 칸 안에 가로, 세로, 대각선의 합이 같아지도록 각각 다른 숫자를 넣는 놀이이다. 하 왕조의 시조인 우왕이 낙수가 넘치는 것을 막기 위해 강의 치수사업을 하던 중 나타난 거북이 이야기에서 유래했다.

　이때의 거북이 등껍질에는 어떤 방향으로 더해도 같은 수가 되는 점들이 그려진 무늬가 있었는데 이것이 최초의 마방진인 '낙수의 방진'으로, 바로 Q.4의 3방진이다. 마방진은 칸의 수에 따라 3방진, 4방진, 5방진 등 다양하다. 기원전 4세기의 중국에서는 3방진을 문에 붙여서 마귀를 쫓는 부적으로 이용하는 등 주술적인 용도로 사용했다.

　그 후 서양으로 전해진 마방진은 점성술과 합쳐져서 미신으로 발전해갔다. 매직 스퀘어라고 불린 마방진의 모양은 점점 다양해져서 원 모양, 다윗의 별이라고 하는 육각의 별 모양 마방진도 있다.

　마방진을 식으로 표현하면 다음과 같다.

$$M(n) = \frac{n^3 + n}{2}$$

　우리나라 조선시대에도 마방진에 대한 기록이 있다. 조선 숙종 때의 영의정 최석정은 수학에 많은 관심을 가지고 있었으며 4차, 5차, 10차 마방진까지 풀어내었다. 그는 《구수략》이라는 책에 지수귀문도라는 거북이 등껍질을 닮은 마방진을 소개했는데, 아홉 개의 벌집 모양 육각형의 꼭지점에 1~30까지의 숫자를 중복되지 않게 넣어 육각형 안의 합이 93이 되도록 하고 있다. 93 이외에도 다양한 합이 가능하지만 합이 93일 때 가장 안정적이라고 한다.

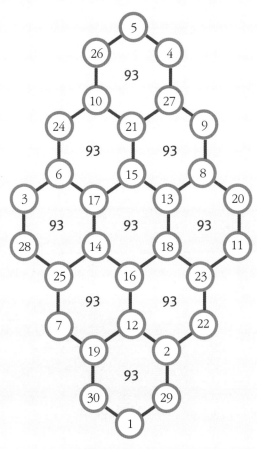

조선시대 마방진 〈지수귀문도〉

기원전 430년, 그리스의 델로스 섬에 전염병이 크게 돌아 많은 사람들이 사망했다. 시민들은 전염병을 없애기 위해 아폴로의 신전에 제물을 바친 뒤 신탁을 받았다.

"제단을 두 배로 키우면 전염병이 사라질 것이다."

시민들은 신탁에 따라 정육면체인 제단의 가로와 세로를 2배씩 늘렸다. 하지만 전염병은 사라지지 않았다. 왜 그럴까?

당신이 시민들을 도와 지금부터 신탁대로 제단의 부피를 2배로 늘려보길 바란다.

아폴로 신전

기하학의 도형의 작도와 부피에 대한 문제(플라톤의 배적 문제).

해답 146p

3대 작도 불능 문제

　고대 그리스의 기하학자들은 자와 컴퍼스만으로 도형을 그리는 문제를 연구했다. 그런데 그들이 연구하던 문제 중 3가지 문제는 도저히 자와 컴퍼스만으로는 풀 수가 없었다. 이 세 가지 문제를 '3대 작도 불능 문제'라고 한다.

① 임의의 각을 3등분하는 문제.

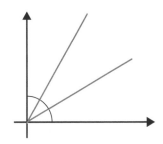

② 주어진 원과 면적이 같은 정사각형을 그리는 문제.

③ 주어진 정육면체의 두 배 부피를 갖는 정육면체 그리기 문제.

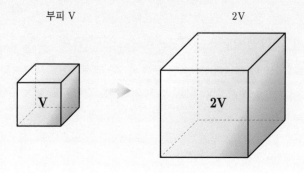

부피 V   2V

델로스의 신전 문제는 바로 이 불가능 문제 중 하나인 정육면체의 부피를 2배로 그리는 문제를 응용한 것이다.

모든 것을 정수로 나타낼 수 있다고 믿었던 피타고라스지만 두 변의 길이가 1인 직각이등변삼각형의 빗변은 피타고라스의 정리에 의해 정수로 표현할 수 없다는 것을 알게 되었다. 제곱해서 2가 되는 정수가 없기 때문이다. 하지만 피타고라스는 무리수의 존재를 비밀로 지키기로 하고 이 맹세를 어긴 제자를 없앴다고 한다. 델타 신전의 문제도 마찬가지로 세제곱해서 2가 나오는 수를 구해야 하는데 사실 한 변의 길이를 세제곱해서 2가 나오는 수는 자와 컴퍼스만으로는 그릴 수가 없다.

역사적으로 손꼽히는 천재들뿐만 아니라 수많은 수학자들에게 이 3대 작도 불능 문제는 매력적인 도전 과제였다. 여러분은 어떤가? 연습장과 연필을 들고 도전해보고 싶지 않은가?!

　배낭여행 중인 하은은 여행지에서 꽃향기에 이끌려 어느 정원으로 들어가 이곳저곳을 구경했다. 그러다 보니 정원 한가운데에 위치하게 되었다. 어느 새 해가 기울고 있었다. 그리고 정원은 미로였으며 하은이는 이제 다른 나라로 가야 한다.

　비행기 시간에 늦으면 안 되는 하은이를 도와서 미로에서 빠져나올 수 있도록 길을 찾아보아라.

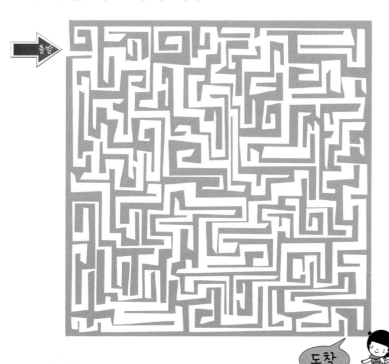

공간 지각력 향상을 위한 회로 퍼즐.

해답 147p

미로

한 번 들어가면 빠져나오기 어려운 미로.

그리스의 피로스에서 출토된 점토판 미로는 기원전 1200년경에 그려진 것으로 추정되는, 세계에서 가장 오래된 미로이다. 또 그리스 신화에 나오는 미로 이야기는 가장 오래된 기록 중 하나이다.

크레타 섬 크노소스 궁전의 미궁은 한번 들어가면 빠져나올 수 없는 구조로, 크레타의 왕인 미노스가 다이달로스에게 명령하여 만들었다. 그곳에는 소의 얼굴을 가진 미노타우로스가 살고 있었으며 아테네에서는 9년마다 일곱 명의 청년과 처녀를 제물로 보냈다. 그러자 아테네 청년들의 희생을 분하게 여긴 아테네의 왕자 테세우스는 제물로 바쳐지는 청년들 틈

에 끼어 미노타우로스를 물리치기 위해 크레타 섬으로 떠난다. 그리고는 자신에게 반한 미노스 왕의 딸 아리아드네가 준 실타래를 풀며 미궁으로 들어가 미노타우로스를 해치운 뒤 실을 따라 무사히 나오지만 아리아드네를 배신하고 떠난다.

고대 이집트뿐만 아니라 그리스를 비롯해 전 세계에는 수많은 미궁이 만들어졌고 중세 유럽의 교회와 성들은 적의 침입을 대비해 정원과 성의 안쪽을 미로로 만들기도 했다. 현재 전 세계에는 다양한 형태의 미로가 수없이 많다.

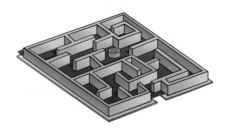

호기심이 많은 준규는 태양이 얼마나 큰지 궁금해졌다. 그래서 종이와 자, 연필을 가지고 태양의 크기를 재기로 했다. 준규가 아는 건 지구와 태양 사이의 거리가 1억 5천만km라는 것이다.

어떤 방법으로 태양의 크기를 측정할 수 있을까?

수학 삼각형의 닮음 조건을 이용한 비례식 문제.

해답 148p

막대기 하나로 피라미드의 높이를 구하다

아리스토텔레스가 '철학의 아버지'라고 불렀던 탈레스는 기원전 640년 경 그리스의 밀레토스에서 태어난 철학자이자 수학자이면서 천문학자이기도 했다. 탈레스는 젊은 시절 여러 나라를 돌아다니며 장사를 하는 동안 각 나라에서 발달된 수학과 과학을 배웠다. 탈레스는 이집트와 메소포타미아 등에서 배운 경험적인 학문으로서의 수학과 천문학 지식을 논리적으로 증명하고 이를 바탕으로 일식을 예언하기도 했다. 또한 지름의 원주각이 직각이라는 것을 최초로 증명하기도 했다. 뿐만 아니라 삼각형의 닮음 조건 중 한 내각의 크기가 같고 그 각을 이루는 두 변의 길이의 비가 같다는 것을 이용하여 막대기 하나로 쿠푸 왕의 피라미드 높이를 계산했다.

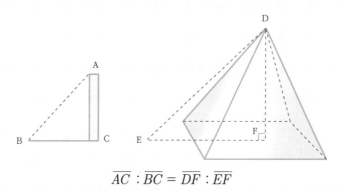

$$\overline{AC} : \overline{BC} = \overline{DF} : \overline{EF}$$

막대와 피라미드 그림자를 이용한 높이 측정

Q.8의 태양의 크기 또한 삼각형의 닮음 조건을 이용하여 태양의 지름과 종이에 비친 태양 상의 지름의 비를 알아내서 잴 수 있다.

디오판토스 여기 잠들다. 신의 축복으로 태어난 그는 인생의 $\frac{1}{6}$ 을 소년으로 보냈다. 그리고 다시 인생의 $\frac{1}{12}$ 이 지난 뒤 수염이 자라는 청년이 되었다. 다시 $\frac{1}{7}$ 이 지났을 때 결혼하였으며, 결혼한 지 5년 만에 아들을 낳았다. 하지만 아들은 아버지의 반밖에 살지 못했다. 아들을 먼저 보낸 슬픔 속에서 정수론에 몰입하던 그는 그로부터 4년이 지난 후 눈을 감았다.

죽은 사람의 묘비에는 생전 그 사람에 관련된 글이 새겨진다. 아르키메데스는 그가 평생 연구한 구와 원기둥과 원뿔이 하나로 포개진 그림을 새겨 달라고 했다. 알렉산드리아의 수학자였던 디오판토스의 묘비에는 그의 나이를 알 수 있는 위와 같은 방정식 문제를 새겼다.

그렇다면 디오니판토스가 사망했을 때의 나이는?

대수학의 다항방정식 이용 문제.

대수학의 아버지 디오판토스

3세기 후반 알렉산드리아에서 활동한 디오판토스는 언제 태어났는지 죽었는지 어떻게 살았는지에 대한 자세한 기록이 전해지지 않는다.

BC 3세기 무렵 정수를 계수로 하는 다항방정식 등을 정리해《산학》을 출판했으며《산학》은 현재 전체 13권 중 6권이 전해져온다.

디오판토스는 수학 기호를 대수학에 도입한 최초의 수학자로 이 때문에 '대수학의 아버지'로도 불린다.

또 디오판토스 방정식은 오래전부터 퍼즐이나 문제의 형태로 알려져 왔으며 1637년 피에르 드 페르마는《산학》을 읽다가 그 여백에 유명한 페르마의 정리를 적었다. '페르마의 마지막 정리'로 불리게 된 이 문제는

1670년 출간된 페르마의 주석이 달린 디오판토스의《산술Arithmetica》제2권. 8번 문제(라틴어: Qvæstio VIII) 밑에 페르마의 마지막 정리가 들어 있는 주석(영어: Observatio domini Petri di Fermat)이 수록되어 있다.

1994년이 되어서야 영국의 수학자 앤드루 와일스에 의해 증명되었다.

디오판토스가 언제 태어나고 죽었는지는 불분명하지만 묘비로 인해서 그의 삶에 대한 대략의 정보와 죽을 때의 나이는 정확하게 알 수 있다.

아래의 숫자들을 살펴보고 숫자의 패턴대로 마지막 줄을 완성
하여라.

$$
\begin{array}{ccccccccc}
 & & & & 1 & & & & \\
 & & & 1 & & 1 & & & \\
 & & 1 & & 2 & & 1 & & \\
 & 1 & & 3 & & 3 & & 1 & \\
1 & & 4 & & 6 & & 4 & & 1 \\
\end{array}
$$

1   5   10   10   5   1

1   6   15   20   15   6   1

? ? ? ? ? ? ? ?

파스칼의 이항계수 퍼즐.

해답 149p

파스칼의 삼각형

블레즈 파스칼(1623~1662)은 '수학사에서 가장 위대한 인물이 될 뻔한 사람'으로 불린 프랑스의 수학자였다. 또한 과학자이면서 철학자이자 작가였다.

파스칼

12살 어린 나이에 삼각형의 내각의 합이 180°라는 사실을 깨우친 신동으로 16세에 '파스칼의 정리'를 발표하고 19세엔 아버지를 위해 최초의 계산기를 발명했으며 21세엔 수은기압계로 진공의 존재를 주장하며 데카르트와 진공의 유무에 대해 격렬하게 논쟁했다.

공기의 무게와 진공, 압력에 대한 '파스칼의 법칙'을 만들고 페르마와 교류했던 천재는 27세에 죽을 뻔한 마차 사고를 경험한 뒤 수학과 과학 대신 신학을 연구하기 시작했다. 평생 수학과 과학 연구를 했다면 수학사에서 가장 위대한 인물이 되었을 파스칼이지만 죽음을 경험한 뒤 신의 존재와 삶과 죽음에 대해 연구하는 신학 연구자가 된 것이다. 그리고 40세가 되기도 전에 이 세기의 천재는 병으로 요절하고 말았다.

세기의 천재 파스칼이 말년에 통증을 참기 위해 잠시 시도했던 사이클로이드 연구는 수학사에 큰 기여를 했으며《팡세》에 '인간은 생각하는 갈대'라는 말을 남기기도 했다.

Q.10은 수학의 이항계수를 기하학적 형태로 나타낸 숫자퍼즐이다.

수세기 전부터 연구되어온 것이지만 블레즈 파스칼이 13세 때 그 이름을 붙여서 '파스칼의 삼각형'이라고 불린다.

먼저 숫자 1을 쓴다. 그 다음 줄은 윗줄 왼쪽 숫자와 오른 쪽 숫자를 더한 수를 차례대로 적는다. 이 문제는 3차원 입체로도 쓸 수 있는 데 이때는 '파스칼의 피라미드'라고 부른다.

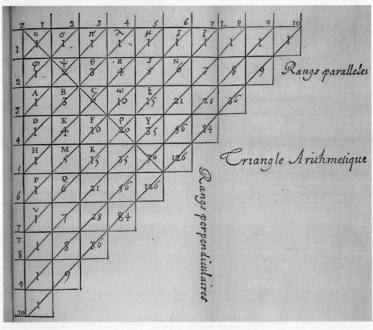

파스칼의 퍼즐

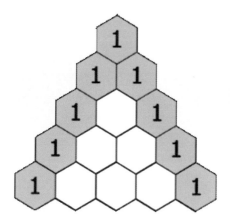

파스칼의 이항계수 퍼즐

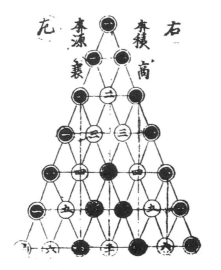

1641년 판《진코키》에 실린 이항계수 퍼즐

동 · 서양의 이항계수 퍼즐

1에서 9까지의 9개의 숫자 사이에 덧셈과 **뺄셈** 기호를 최대한 적게 넣어서 100이 되도록 만들어라. 왼쪽 변에 있는 숫자의 순서는 바꿀 수 없다.

$$1 \ 2 \ 3 \ 4 \ 5 \ 6 \ 7 \ 8 \ 9 = 100$$

1~9까지의 숫자를 한번씩만 사용하여 100을 만드는 숫자퍼즐은 서양에서는 센추리 퍼즐, 일본에서는 고마치산이라고 불린다.

다항식의 덧셈 · 뺄셈 응용 문제.

해답 150p

토끼 한 쌍이 매달 암수 1쌍의 새끼를 낳는다. 새끼 1쌍은 태어난 지 2달째부터 암수 1쌍의 새끼를 낳을 수 있다. 그렇다면 갓 태어난 토끼 1쌍을 키우면 1년 동안 태어나는 새끼 토끼는 몇 쌍일까?

피보나치 수열 문제.

자연의 수, 피보나치 수열

0. 1. 1. 2. 3. 5. 8. 13. 21. □ …

0과 1로 시작하며 바로 앞 숫자 둘을 더해서 바로 다음 수로 쓰는 방식을 피보나치 수열이라고 한다. 이탈리아의 레오나르도 피보나치 (1170~1250) 가 1202년에 쓴《산반서》에 실린 문제인 Q.12에서 유래했다.

하지만 피보나치 수가 처음 언급된 문헌은 기원전 5세기 인도의 수학자 핑갈라가 쓴 책이다. 서유럽에서는 피보나치가 최초로 이 문제를 언급했기 때문에 피보나치 수열이라고 부른다.

피사의 레오나르도라고도 불린 피보나치는 어려서 어머니를 여의고 아버지를 따라 북아프리카 생활을 하게 된다. 그곳에서 아라비아 숫자를 배운 피보나치는 로마 숫자보다 아라비아 숫자가 훨씬 사용하기 편리하다는 것을 알게 되어 아랍 수학을 배우기 위해 여러 해 동안 지중해 지역을 여행했다. 1202년에는 자신이 배운 내용을 바탕으로《산술교본》을 써 유럽에 아라비아 수를 소개해 유럽의 수학 발전에 크게 공헌했다. 그리고 피보나치 수열을 통해 황금비가 등장할 수 있었다.

피보나치 수열은 자연 상태에서 자주 발견된다. 달팽이 껍질의 나선형 곡선 무늬나 해바라기 꽃, 우주의 은하 모양과 물의 소용돌이, 태풍 등에서도 볼 수 있으며 나뭇가지의 수나 꽃잎의 수도 피보나치 수열을 따른다.

해바라기 꽃

선인장

소용돌이 은하

임의의 삼각형의 각 변을 한 변으로 하는 정삼각형 3개를 그린 후 각 정삼각형의 무게중심을 연결하여 만들어지는 삼각형은 무슨 삼각형일까?

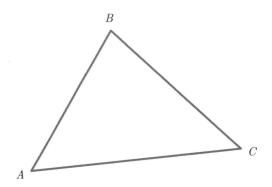

기하학의 삼각형 무게 중심 문제.

해답 151p

나폴레옹의 삼각형

　18세기 프랑스의 위대한 장군이자 나폴레옹1세로 군림했던 나폴레옹은 수학 분야에도 뛰어난 사람이었다. 또한 수학이 국력이라고 생각해서 프랑스 모든 학교의 교육과정에 필수과목으로 지정하고 우수한 수학자를 키우기 위한 교육기관도 도 세웠다. 이는 그 당시 권력자들이 우수한 수학자들을 가까이 하던 사회 분위기도 한몫해 가능했다.

　사실인지 알 수는 없지만 이런 이야기도 전해진다.

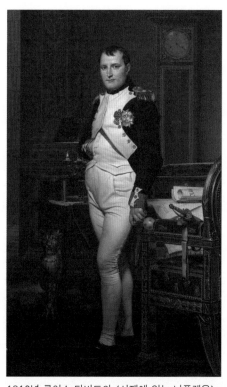

　독일 국경에서 강을 사이에 두고 프랑스군과 독일군이 치열하게 대치하고 있었다. 그런데 프랑스군의 포탄이 적의 진지를 포격하지 못하고 자꾸 빗나가자 나폴레옹이 포병대장을 불러 이유를 물었다.

1812년 루이스 다비드의 〈서재에 있는 나폴레옹〉

강의 폭을 정확히 알 수 없어서 대포를 조준하기가 어렵다는 포병대장의 말에 나폴레옹은 직각삼각형의 합동조건을 이용하여 강의 폭을 계산해 알려줬고 포탄은 정확히 적의 진지로 떨어져 나폴레옹이 승리하게 되었다고 한다.

임의의 삼각형의 각 변을 한 변으로 하는 정삼각형 3개를 덧그린 후 각 정삼각형의 무게중심을 연결하면 정삼각형이 만들어지는 것을 '나폴레옹의 정리'라고 한다.

이 정리는 나폴레옹 보나파르트(1769~1821)가 처음으로 제출했다고 알려져 있지만 나폴레옹이 사망한 4년 뒤인 1825년에 출간된 〈숙녀들의 일기$^{\text{The Ladies' Diary}}$〉에 나왔을 뿐 정확한 증거 사료는 없다. 단지 나폴레옹이 수학자인 가스파르나 라플라스 등과 친하게 지내면서 수학 문제를 취미로 즐겼으며 당시 그들의 대화 속에서 이 정리가 나왔다고 전해질 뿐이다.

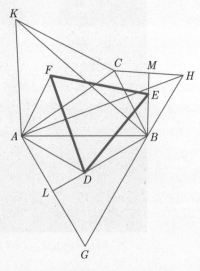

나폴레옹의 정리

루이스 캐럴의 원숭이 퍼즐

마찰이 없는 도르래의 한쪽에는 10파운드짜리 추가 매달려 있고 반대쪽에는 원숭이가 그 줄을 잡고 있다. 균형을 이루고 있는 상태에서 원숭이가 줄을 타고 올라간다면 추는 어떻게 될까?

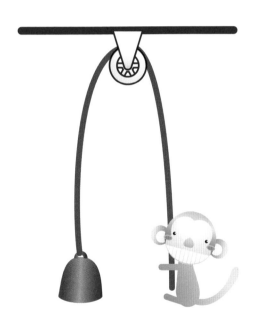

속도와 마찰력. 무엇보다 무게 중심에 대해 곰곰히 생각해보자.

해답 152p

43

루이스 캐럴의 문제

이 문제는 《이상한 나라의 앨리스》의 작가로 유명한 루이스 캐럴의 문제로 불린다.

본명은 찰스 럿위지 도지슨Charles Lutwidge Dodgson(1832년 1월 27일~1898년 1월 14일)으로, 유명한 영국 작가이자 수학자이며 사진 작가이기도 했다.

가장 잘 알려진 작품으로는 《이상한 나라의 앨리스》와 《거울 나라의 앨리스》가 있다.

영국 옥스퍼드 대학의 수

루이스 캐럴

학교수이기도 했던 루이스는 본명으로 수학 관련 도서를 12권이나 출판했다. 또 옥스퍼드의 학장으로 부임한 헨리 리들의 집에서 함께 사는 동안 리들의 세 딸과 친해져 아이들의 사진도 찍어주고 이야기를 지어서 들려주기도 했다. 그중 막내딸이 바로 《이상한 나라의 앨리스》의 모델인 앨리스였다.

하지만 앨리스에 대한 관심이 지나치다고 느낀 리들 집안은 그와의 관계를 끊었다고 하며 루이스는 마지막 순간까지 독신으로 살았다. 말년에 그

루이스가 찍은 앨리스

루이스 캐럴의 일러스트

는 《기호 논리학》을 집필하던 중 건강이 악화되어 사망했다.

　루이스는 이 원숭이 퍼즐 문제를 주변 학자들에게 질문했다가 재미있는 경험을 하게 되었다. 학자마다 답이 달랐던 것이다. 어떤 이는 추가 점점 빠른 속도로 올라간다고 하고 어떤 이는 원숭이와 같은 속도로 올라간다고 했으며 또 다른 이는 추가 내려간다고 말했다. 훌륭한 수학자들이 각기 다른 답을 내자 희안하게 여긴 루이스는 자신의 일기에 이 문제를 언급했다.

쾨니히스베르크의 다리

　독일의 쾨니히스베르크에는 프레겔 강이 흐르고 있다. 이 강과 두 개의 섬 사이에는 일곱 개의 다리가 놓여져 있다. 어느 한 지점에서 걷기 시작하여 같은 다리를 두 번 건너지 않고 일곱 개의 다리를 모두 건널 수 있을까?

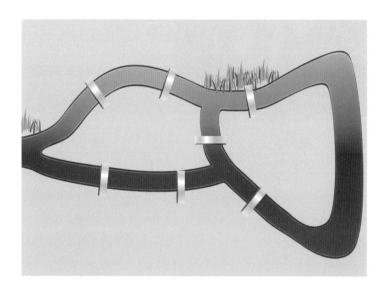

　위상학의 한 예로 그래프 이론의 출발점이 된 문제.

해답 152p

준규는 오각형 안에 별 모양을 그리다가 해밀턴 회로에 대한 이야기가 생각났다. 그래서 자신이 그린 그림의 꼭지점을 한 번씩만 거쳐서 전부 지나가게 할 수 있을지 궁금해졌다.

다음 그림이 바로 그 그림이다. 이 그림에서 꼭지점을 한 번씩만 거치는 해밀턴 회로를 찾아보아라.

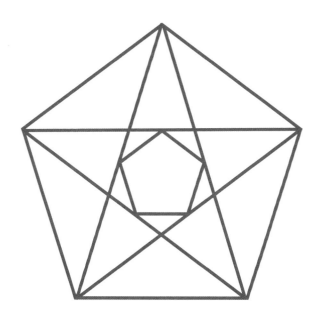

해답 153p

오일러 경로

레온하르트 오일러(1707년 4월 15일~1783년 9월 18일)는 함수 기호를 처음 사용하고 많은 수학 법칙을 만들어낸 스위스의 천재 수학자이자 물리학자이다. 목사인 아버지는 오일러가 자신의 뒤를 이어 신학자가 되기를 바랐지만 당대 최고의 수학자인 요한 베르누이의 눈에 띄어 그의 제자가 되면서 수학, 과학 분야에 두각을 나타냈다.

오일러. 자콥 핸드만의 1756년 작품

쾨니히스베르크 강의 일곱 개의 다리를 한 번씩만 건너는 문제를 접한 오일러는 1736년에 이 문제를 풀 수 없다는 것을 증명하는 아주 두꺼운 보고서를 발표했다.

쾨니히스베르크 다리의 문제로부터 유래한 '오일러 경로'는 그래프의 모든 변을 단 한 번씩만 통과하는 경로를 뜻하며 쉽게 말하면 '한붓그리기' 문제이다.

도형에서 한붓그리기가 가능한지 아는 방법은 간단하다. 교차점에 만나는 선이 짝수이거나 홀수인 꼭지점이 2개인지만 확인하면 된다. 홀수인 꼭지점이 2개일 경우에는 홀수인 한 꼭지점에서 시작하여 다른 홀수인 꼭지점에서 한붓그리기가 끝나고 짝수인 꼭지점일 경우에는 시작한 꼭지점으로 돌아와야 회로가 끝나는데 이 경우를 특별히 '오일러 회로'라고 한다.

따라서 한붓그리기 문제가 나오면 일단 교차점에서 만나는 선이 홀수인지 짝수인지부터 확인하면 된다.

오일러의 경로와 관련해서 '해밀턴 경로'도 있다. 해밀턴 경로는 아일랜드의 수학자 윌리엄 로언 해밀턴의 이름을 따서 지었으며 오일러의 경로가 변을 한 번씩만 통과하는 것과 달리 모든 꼭지점을 단 한번씩만 지나는 경로이다.

윌리엄 로언 해밀턴(1805년 8월 4일 ~1865년 9월 2일)은 아일랜드의 수학자이자 과학자로, 천문학자 존 브링클리가 1823년에 18살의 해밀턴을 보며 "미래는 알 수 없지만 현재 그의 나이에서는 최고의 수학자이다"라고 평할 정도로 뛰어났다. 해밀턴은 사원수 Quaternion를 발견했으며 대수학과 양자역학에 많은 영향을 끼쳤다.

윌리엄 로언 해밀턴

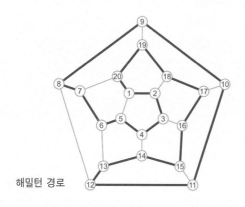

해밀턴 경로

한 울타리 안에 빨간색, 파란색, 노란색의 세 집이 살고 있었다. 처음 이사왔을 때만 해도 사이가 좋았던 세 집이었지만 시간이 지날수록 사이가 나빠지기 시작했다. 가장 큰 파란 집이 먼저 심술을 부리더니 함께 어울리기 싫다고 왼쪽 문으로 전용도로를 내 버렸다. 왼쪽 노란 집도 이에 질새라 오른쪽 문으로 전용도로를 냈다. 이 때문에 오른쪽 빨간 집도 어쩔 수 없이 가운데 문으로 전용도로를 냈다. 사이 나쁜 세 집의 전용도로가 서로 만나지 않도록 길을 내려면 어떻게 해야 할까?

샘 로이드가 9살 때 낸 문제.

해답 154p

아래의 복잡한 다각형 그림에서 점의 개수를 세어보아라. 그리고 변의 개수를 센 후 점의 개수에서 변의 개수를 뺀다. 거기에 다시 면의 개수를 더한 값을 구하여라.

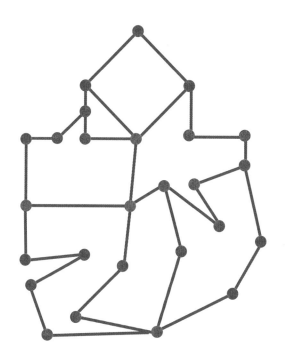

위상수학의 기본개념으로, 2차원 유클리드 공간에서의 정리 문제.

오일러의 다면체 정리

Q. 18의 문제는 오일러의 다면체 정리를 이용하면 간단하다.

모든 다각형은 점의 개수−변의 개수+면의 개수=1이다.

이것은 오일러가 다면체를 구성하는 점과 선, 면의 관계를 식으로 만든 것에서 기인한다.

$$v - e + f = x$$

(v=점. e=선. f=면. x=오일러지표)

오일러 지표는 구와 3차원, 입체도형에서는 2이고 2차원 평면다각형에서는 1이며 원의 경우는 0이다.

오일러의 수학적 재능을 인정하고 친하게 지내던 요한 베르누이의 아들들인 다니엘과 니콜라우스는 러시아의 여왕 에카테리나 1세를 설득하여 오일러를 러시아로 초빙했다. 그 결과 1727년 20살의 젊은 나이에 오일러는 러시아의 상페테르부르크로 가서 연구를 하게 되었다. 그는 적분학과 삼각함수, 로그함수의 이론을 개발하는 등 수학의 거의 모든 부분에 기여를 했지만 연구에만 몰두하고 몸을 돌보지 않아 1735년 한쪽 눈의 시력을 잃었다. 그럼에도 불구하고 1741년 프리드리히 대왕의 초청으로 베를린 아카데미로 옮긴 후에도 연구를 멈추지 않았으며 25년 동안 오일러 직선, 오일러 항등식 등 많은 연구 논문을 발표했다.

1766년 예카테리나 2세의 초청으로 러시아의 상페테르부르크로 돌아간 오일러는 백내장으로 남은 눈마저 잃게 되었다. 하지만 오일러는 시력을 모두 잃은 악조건에도 오히려 연구영역을 넓혀서 필요한 계산을 모두 암산으로 해내며 음향학, 광학, 물리천문학 등에도 업적을 남겼다.

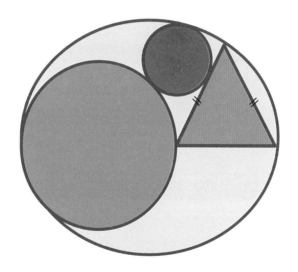

다음 그림에서 빨간 원의 중심에서 녹색 원과 파란 이등변삼각형이 접하는 부분까지 선을 긋는다면 이 선과 노란 원의 지름이 이루는 각도는 얼마가 될까?

단 녹색 원의 지름과 파란색 이등변삼각형의 밑면은 노란 원의 지름에 있다. 빨간 원은 녹색 원과 파란 이등변삼각형과 노란 원 모두에 접한다.

유클리드 기하학에서 원과 점선 사이의 관계를 이용한 문제.

해답 154p

산가쿠

에도시대(1603~1867)인 17세기에서 19세기까지 일본 사찰에서는 젊은이들이 모여서 수학 문제를 풀면서 놀곤 했다. 수학문제는 당시 일반 농민부터 사무라이까지 모두가 즐기는 놀이였다.

Q.19는 1803년 일본 사찰 문제로, 젊은이들은 기하학 증명이나 퍼즐을 완성할 때마다 목조판에 문제와 그 해답을 새겨서 신사와 사찰의 지붕 아래에 매달았다. 이 목조판을 산가쿠판이라고 부르며 사람들은 해답을 얻게 해준 신에게 감사하는 의미로 산가쿠판을 바쳤다.

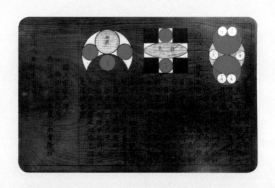

신가쿠는 주로 기하학과 관련된 문제들로 큰 원이나, 삼각형, 원 안에 다른 도형이 있거나 도형과 도형이 접한 상태로 그 넓이나 수직 관계 등을 증명하는 내용이다. 그 당시 취미용 수학놀이라고 하지만 초급부터 고난이도의 문제까지 아주 다양한 문제들이 새겨져 있다. 현재 880개가 넘는 문제가 전해오는 데 증명 없이 답만 새겨놓은 것이 많다.

서커스 조련사가 사자와 양, 그리고 곡식 한 자루를 가지고 길을 떠났다. 한참을 가다 보니 강이 나왔다. 강가에는 조그만 배가 한 척 있었는데 조련사가 타면 무엇이든 딱 하나 정도 실을 공간만 남았다. 사자와 양을 두면 사자가 양을 잡아먹고 양과 곡식 자루를 두면 양이 곡식을 다 먹는다. 그렇다면 어떻게 해야 모두 무사히 강을 건널 수 있을까?

경우의 수 구하기.

해답 155p

똑같은 정사각형 3개가 있다. 이 3개의 정사각형을 9개의 조각으로 나누어서 큰 정사각형 1개가 되도록 맞추어 보아라.

아불 와파의 도형 분할 문제. 도형의 분할과 재배열.

그리스 로마의 학문을 이어 발전시킨 아라비아

 인류는 수천 년 전부터 도형을 분할하고 다시 배열하는 문제를 풀어왔다. 도형을 조각으로 잘라서 규칙에 맞게 다시 배열하다 보면 도형을 이해하기가 쉽다.

 10세기경 페르시아의 천문학자인 아불 와파 $^{Abul \, wafa}$는 처음으로 도형 분할 방법을 체계적으로 정리하여 소개했다. 하지만 그의 책은 소실되어 아쉽게도 일부만 전해지는 데 거기에는 흥미로운 도형 분할 문제가 많이 담겨 있다.

 도형 분할은 직소 퍼즐, 탱그램 등 여러 문제에서 많이 사용된다.

직소 퍼즐

고대 그리스에서 꽃피운 수학은 5~8세기에 이르는 동안 침체기를 겪게 된다. 로마 제국은 동로마와 서로마로 나뉘고 게르만의 대이동으로 서로마가 망하게 되면서 동로마 만이 남아 이슬람과 세력을 다투게 되며 서유럽은 게르만의 대이동으로 잦은 전쟁과 파괴가 이루어져 문화적으로 암흑기에 들어섰고 많은 고대 그리스의 학문 자료가 사라졌다.

하지만 고대 알렉산드리아의 수학은 동로마 제국을 통해 이슬람 문화의 중심지인 바그다드에 전래되면서 살아남을 수 있었다. 이렇게 전해진 그리스 수학은 아라비아 수학자들에 의해 재조명되었다.

9~10세기 경 아라비아의 수학자들은 유클리드, 아르키메데스, 디오판토스 등 고대 그리스 수학자들의 책을 번역하여 고대 그리스의 수학 지식을 익히고 이를 발전시켜 새로운 형태의 수학인 대수학과 조합론, 삼각법 등을 탄생시켰다.

그리고 이 풍성한 수학적 결실은 다시 서유럽으로 전파되어 르네상스 시대에 찬란한 꽃을 피우게 되었다.

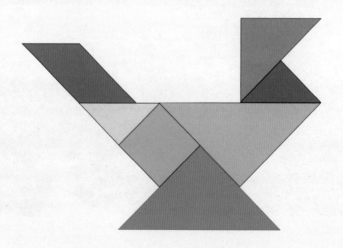

다음과 같은 하트 모양에 점을 찍고 그 점을 통과하는 직선을 2개 그었다. 하트 모양의 둘레를 2등분하는 직선은 어느 직선일까?

원의 둘레의 길이를 구하는 공식: $2\pi r$.

탱그램 패러독스

탱그럼 7조각을 이용하여 다음과 같은 모양을 만들었다. 두 모양은 아래의 삼각형 1개만 제외하면 똑같아 보이지만 둘 다 7조각을 모두 이용하여 만든 모양이다. 어떻게 된 것일까?

오래된 도형 분할 퍼즐. 모양이 같다고 해서 넓이도 같을까?

해답 156p

탱그램

정사각형을 7개로 나누어 그 조각으로 다양한 모양을 만드는 탱그램은 가장 오래된 재미있는 분할 문제 중 하나이다. 18세기에 중국의 칠교놀이가 유럽에 탱그램으로 전해지면서 전 세계에서 폭발적인 반응을 얻게 된 것으로, 중국에서는 1803년 청나라 때 출판된 책에 탱그램이 최초로 언급되었다. 1742년 일본에서 출판된 책에도 탱그램과 비슷한 판자 퍼즐 문제가 기록되어 있는데 중국의 칠교놀이가 일본으로 전해져서 독자적으로 발전한 것으로 여겨진다.

애드거 앨런 포와 루이스 캐럴도 탱그램을 즐겼으며 안데르센의《눈의 여왕》에도 탱그램으로 보이는 게임이 등장한다. 나폴레옹 또한 유배지인 세인트헬레나 섬에서 탱그램을 하면서 많은 시간을 보냈다고 한다.

탱그램은 정사각형 외에 직사각형, 원, 심장 모양 등 여러 가지 모양을 분할하여 만드는 응용문제도 많다.

안데르센의 〈눈의 여왕〉 삽화와 안데르센 기념 우표

같은 조각으로 표현 가능한 다양한 탱그램 모양

아래의 정십자가를 9조각으로 나누어 보아라.

단 조각을 재배열하여 작은 정사각형 5개도 만들 수 있고 큰 정사각형 1개도 만들 수 있어야 한다.

도형의 분할과 재배열. 공간 지각력이 필요한 문제.

직각삼각형의 각 변을 하나의 변으로 하는 정사각형 3개가 있다. 작은 정사각형 2개를 분할하여 큰 정사각형 하나를 만들어 보아라.

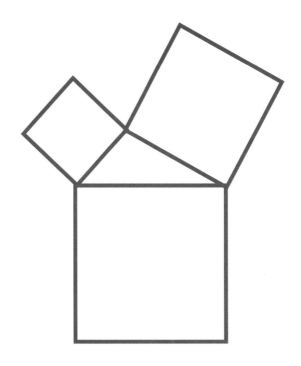

기하학적으로 피타고라스의 정리를 증명하는 문제.

해답 158p

페리갈의 증명

오일러. 자콥 핸드만의 1756년 작품

영국의 주식 중개인이자 아마추어 수학자 페리갈이 피타고라스의 정리를 도형 분할로 증명한 방법이다.

피타고라스의 정리는 직각삼각형의 세 변의 관계에 대한 공식으로, 직각을 끼는 두 변을 a, b, 긴 빗변을 c라고 할 때 $a^2+b^2=c^2$이 성립한다.

유클리드, 레오나르도 다빈치 등 수많은 천재들과 수학을 좋아하는 사람들이 피타고라스의 정리를 증명해 피타고라스의 정리 증명 방법은 현재 400가지가 넘는다.

그중 페리갈의 증명은 다음과 같다.

직각삼각형의 각 변을 한 변으로 하는 정사각형의 넓이를 살펴보면 작은 두 정사각형의 넓이를 더한 것이 큰 정사각형의 넓이와 같으므로 피타고라스의 정리가 증명된다.

이 증명 방법은 1917년에 듀드니도 소개해 듀드니의 증명으로 알려지기도 하는데 시기적으로 페리갈이 먼저이므로 페리갈의 증명이다.

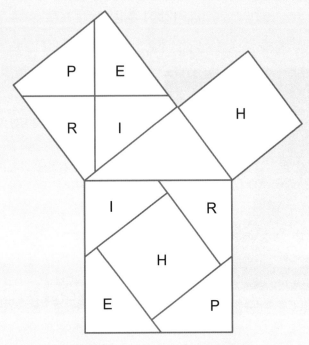

피타고라스의 정리에 대한 페리갈의 증명 방법

당신의 수학적 천재도가 어느 정도인지 시험해보자. 딱 10초를 주겠다.

1부터 1000까지 다 더하면 얼마일까? 십, 구, 팔, 칠, 육, 오, 사, 삼, 이, 일!

'수학 왕' 가우스의 계산법을 떠올려라. 등차수열의 합을 쌍으로 만들어 계산하는 방법이다.

해답 159p

수학 왕 가우스 계산법

요한 카를 프리드리히 가우스
(1777~1855)는 독일의 수학자이
자 과학자이다.

가우스가 초등학생일 때 선생님
이 낸 문제가 바로 1부터 100까
지 더한 값을 구하는 것이었다. 가
우스는 간단하게 1과 100을 더한
후 50을 곱해 바로 답을 구했다.
1과 100을 더하면 101, 2와 99
를 더하면 101…로 반복되기 때
문이었다. 이 계산법은 가우스 계
산법으로 불린다.

가우스

3살 때 벽돌노동자인 아버지의 계산이 틀린 것을 지적하고 고칠 정도로
수학 신동이었던 가우스는 아르키메데스, 뉴턴과 함께 3대 수학자로 꼽힌
다. 정수론에 중요한 기여를 한 《산술연구》는 1801년에 출판되었지만 21
살이던 1798년에 이미 완성되어 있었다. 완벽주의자였던 가우스가 조금
이라도 미심쩍은 결과는 발표하지 않아 일어난 일이었다. 이런 성격 때문
에 위대한 수학적 업적이 이미 수년 전 가우스에 의해 발견되었다는 사실
이 가우스의 일기를 통해서 알려지게 되는 일도 비일비재했다. 이로 인해
수학사가인 에릭은 만약 가우스가 자신의 연구 결과를 제대로 출판했다면
인류의 수학사가 50년은 앞당겨졌을 것이라고 말한다.

만약 그랬다면 위대한 수학자들의 연구는 더 광범위해져서 우리가 학창 시절 배워야 했던 수학 내용이 더 늘어났을지도 모르니 가우스의 완벽을 추구하는 성격은 우리에게 천만다행이었을지도 모르겠다.

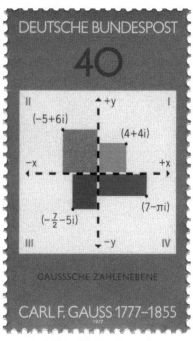

가우스 탄생 200주년 기념 우표

나는 생일 때마다 케이크에 내 나이 만큼의 초를 꽂는다. 지금까지 꽂은 초의 개수가 820개라면, 지금 내 나이는 몇 살일까?

등차수열. 가우스의 계산법 응용 문제.

해답 159p

잠깐 쉬어가자.

안팎의 경계가 없이 이어진 띠를 뫼비우스의 띠라고 한다. 그러면 이 뫼비우스의 띠를 점선을 따라서 잘라보자. 어떻게 될까?

① 띠의 중심을 따라 자른다.

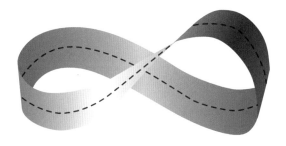

② 띠의 중심을 따라 3등분한 점선을 자른다.

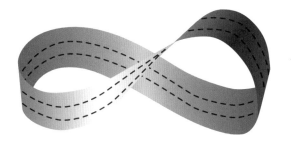

뫼비우스의 띠

  독일의 수학자이자 천문학자인 아우구스트 페르디난드 뫼비우스 (1790~1868)가 1858년에 발견한 띠로, 같은 시기에 요한 베네딕트 리스팅도 독자적으로 발견했다.

  뫼비우스의 띠는 좁고 긴 직사각형을 한번 꼬아서 연결한 띠로 한 지점에서 출발하여 띠의 중심을 따라가면 출발한 면과 반대 면을 모두 지나 처음 위치로 돌아온다. 뫼비우스의 띠는 안팎 구분이 없어 경계가 하나인 2차원 도형으로, 한 마디로 시작하면 끝이 없는 무한 연속적인 공간을 나타낸다. 그래서 재활용 마크도 뫼비우스의 띠 모양이다.

  많은 예술가들이 끝이 없이 영원히 나아가는 뫼비우스의 띠를 통해 영감을 받곤 했다. 대표적인 예술가로는 네덜란드의 화가인 마우리츠 코넬리우스 에셔(1898~1972)가 있다.

재활용 마크

두 마리의 당나귀와 두 명의 기수 그림이 있다.

점선을 따라 그림을 자른다. 세 장의 그림을 움직여서 두 명의 기수가 두 마리의 당나귀에 각각 타고 달리도록 해주자. 단 종이를 접거나 구부리면 안 된다.

-1870년 샘 로이드가 만든 트릭 동키 문제.

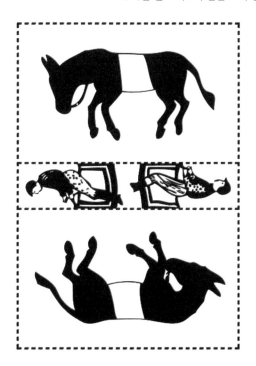

정신적 한계를 벗어나 창의력과 통찰력, 직관력 향상을 위한 문제.

해답 160p 181쪽 모형을 오려서 직접 맞춰보세요.

미국의 가장 위대한 퍼즐작가 샘 로이드

새뮤얼 로이드(1841~1911)는 19세기 후반부터 20세기 초까지 활약한 천재 퍼즐작가이다. 열네 살 때 신문에 그의 체스 퍼즐이 실린 것을 시작으로 몇 년만에 전국 최고의 체스 퍼즐작가가 되었다. 번뜩이는 아이디어와 발상의 전환으로 기발한 문제를 많이 만들어냈으며 미국에서 '퍼즐작가'라는 직업을 최초로 만들어낸 사람이기도 했다.

샘 로이드

사이가 나쁜 이웃 문제(Q.17)는 그가 9살 때 고안한 문제이며 1870년에 만든 트릭 동키(Q.29)는 우편 엽서로 만들어져 경품으로 제공될 정도로 인기였다. 또 1878년 신문의 칼럼에 상금과 함께 '15퍼즐'(Q.30)을 발표해 유럽까지 전해지면서 전 세계적으로 유명해졌다. 그런데 사실 이 5×5 슬라이드 퍼즐은 1874년 노이스 채프먼이 개발한 것이었다. 이를 샘 로이드가 모두가 즐길 수 있는 형태로 만들어 소개한 것인데 이것은 1980년대에 붐을 일으킨 에르노 루빅의 루빅큐브 제작에 영감을 주기도 했다.

1896년에는 '지구를 떠나라'는 마술 같은 퍼즐을 내놓았다. 지구가 그려진 원판을 돌리면 원판 위의 13명의 중국인이 12명으로 줄어버리는 퍼즐이었다. 일종의 도형 소실 퍼즐이었던 '지구를 떠나라'는 특허등록까지 했으며 샘 로이드에게 엄청난 부를 가져다주었다.

묻혀 있는 어려운 수학 문제를 찾아서 쉽고 재미있는 퍼즐 문제로 만들어 사람들에게 소개해 퍼즐 황금기를 연 샘 로이드는 1911년 사망했지만 그의 아들 새뮤얼 로이드 주니어가 샘 로이드라는 이름으로 퍼즐 칼럼을 계속 연재했고 아버지의 퍼즐 모음집을 여러 권 출판했다.

샘 로이드의 수학 퍼즐집 표지

상자 안에는 1~15까지의 숫자가 배열되어 있다. 자세히 살펴보니 14와 15의 자리가 바뀌었다. 상자 안은 한 칸이 비어 있기 때문에 각각의 숫자들을 움직일 수 있다. 숫자들을 움직여 14와 15를 제대로 배열해 보아라.

1	2	3	4
5	6	7	8
9	10	11	12
13	15	14	

공간 지각력과 추리력, 논리적 문제 해결 능력을 기르는 문제.

해답 160p

정다각형은 정삼각형에서부터 원에 이르기까지 다양하다. 테셀레이션은 평면을 다각형으로 빈틈없이, 겹치지 않게 채우는 것을 말한다. 그러면 모든 정다각형 중에서 테셀레이션을 할 수 있는 것은 몇 가지나 될까?

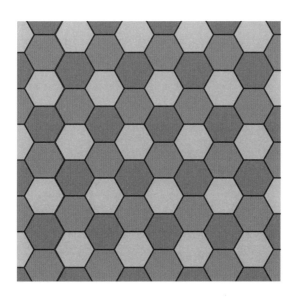

유클리드 기하학에서 정다각형의 내각의 크기를 구하면 해결할 수 있다.

테셀레이션(쪽매맞춤)

테셀레이션은 평면을 다각형으로 빈틈없이, 겹치지 않게 채우는 것을 말한다.

한 가지 종류의 정다각형으로 공간을 채우려면 정삼각형, 정사각형. 정육각형 이렇게 세 가지 종류만 가능하다. 왜냐하면 내각의 합이 360° 평면을 이루는 다각형은 이 세 가지뿐이기 때문이다. 하지만 두 가지 이상의 정다각형을 이용하여 공간을 채우는 것도 가능하다. 두 가지 이상의 정다각형을 이용하여 공간을 채운 것을 '아르키메데스 테셀레이션'이라고 한다.

그 외에도 일정한 모양을 주기적으로 배열하여 테셀레이션하기도 하는데 1970년에 수리물리학자 로저 펜로즈는 비주기적으로 모양을 배열하여 테셀레이션을 완성, '펜로즈 테셀레이션'이라는 새로운 테셀레이션을 만들었다.

펜로즈 테셀레이션

한 변의 길이가 10인 정사각형 안에 차례대로 정사각형을 계속 그린다. 다음 그림에서 색칠한 부분의 면적의 합은 얼마일까?

무한등비급수를 이용하여 도형의 면적 구하기.

해답 161p

등비급수

항이 그 앞의 항에 일정한 수를 곱한 것으로 이루어진 급수를 '등비급수'라고 한다. 예를 들어 $a + a + ar^2 + \cdots$로, 이를 '기하급수'라고도 한다.

전래동화 중에 욕심 많은 부자 이야기가 있다.

어느 마을에 욕심 많은 부자가 있었다. 그는 머슴에게 주는 돈이 아까워 머슴을 부리다가 트집을 잡아서 무일푼으로 쫓아내곤 했다. 소문을 들은 한 젊은이가 머슴으로 일하겠다고 부자를 찾아왔다. 품삯으로 얼마를 원하냐고 묻는 부자에게 젊은이는 웃으면서 대답했다.

"첫날엔 쌀 한 톨, 둘째 날엔 쌀 두 톨, 셋째 날엔 쌀 네 톨, 이런 식으로 전날의 두 배씩으로 계산해주시면 됩니다. 품삯은 1년 후에 한꺼번에 받겠습니다."

부자는 왠 멍청한 녀석이 굴러들어왔구나 싶어서 냉큼 젊은이의 요구를 받아들였다.

1년이 지나고 젊은이는 품삯을 달라고 했다. 부자는 쌀 한 톨에서 늘어봐야 얼마나 될까 하고 계산해주기로 했다.

하지만 품삯을 계산해본 부자는 그만 기절하고 말았다. 대체 얼마의 품삯이 나왔기에 부자가 기절했을까?

$1 + 2 + 2^2 + 2^3 + 2^4 + \cdots$ 숫자가 기하급수적으로 늘어나서 부자의 전 재산으로도 부족할 정도의 액수가 되었기 때문이다.

갈릴레이가 피사의 사탑에 올라가 높이 200m 지점에서 아래로 공을 떨어뜨렸다. 공은 한번 바닥에서 튀어오를 때마다 처음 높이의 10분의 1 높이로 튀어오른다. 그렇다면 공이 정지할 때까지 이동한 거리는 얼마일까?

무한등비급수를 이용한 물리의 낙하운동에서 이동거리 구하기.

깃털과 쇠구슬 중 무엇이 먼저 떨어질까?

이탈리아의 철학자이자 과학자, 천문학자인 갈릴레오 갈릴레이(1564년
~1642년)는 피사의 사탑에 올라가서 무게가 각각 다른 물체를 떨어뜨리
는 실험을 한 것으로 유명하다.

아리스토텔레스의 '물체가 떨어질 때 물체의 무게에 비례해서 속도가 증
가한다'는 이론이 틀렸음을 증명하기 위한 실험이었다. 하지만 갈릴레이
가 피사의 사탑에서 직접 물체를 떨어뜨렸다는 기록은 없어서 실제로 실
험한 것이 아니라 논리적인 추론을 통해 아리스토텔레스의 이론에 반박한
것으로 보인다.

공기의 저항이 없다면 물체의 무게가 다르더라도 각각의 물체가 일정한
중력가속도를 받아 같은 속도로 떨어진다는 사실은 지금은 누구나 알고
있다.

갈릴레오 갈릴레이는 세계 역사상 가장 위대한 과학자들 중 한 명이다.
그가 남긴 업적은 수학, 물리 분야를 비롯해 천문학까지 다양하다.

네덜란드의 안경사 한스 리페르세이가 망원경의 원리를 밝힌 후 그 소식
을 들은 갈릴레이도 직접 망원경을 개량하여 천체를 관측해 태양의 흑점
을 최초로 발견한 유럽인이 되었다. 또한 달의 산과 분화구에 대해 처음으
로 발표했으며 목성의 위성들을 발견하고 움직임을 수년간 관측한 결과를
토대로 코페르니쿠스의 지동설을 지지했다. 그는 〈두 가지 주요 세계관에
대한 대화〉에 이와 같은 연구 결과를 쓰면서 종교재판에 회부되어 유죄판
결을 받았다. 갈릴레이는 감옥에 가는 대신 가택 연금을 받게 되었으며 그
가 재판정을 나서며 "그래도 지구는 돈다"고 했다는 일화는 유명하다.

갈릴레이의 망원경을 확인하는 교황의 모습

　그의 연구 결과는 현대 과학의 탄생 밑거름이 되어 '현대 과학의 아버지'
라고 불리기도 한다.
　또한 목성의 4대 위성인 이오, 유로파, 칼리스토, 가니메데는 천문학자
들이 갈릴레이를 기념하기 위해 '갈릴레이 위성'이라고 부른다.

후프뱀은 미국과 캐나다, 오스트레일리아의 전설에 나오는 동물이다. 보통의 뱀들은 배를 바닥에 대고 몸을 에스자로 움직이면서 이동하는 것과 달리 후프뱀은 자신의 꼬리를 물고 바퀴처럼 굴러 다닌다고 한다. 후프뱀을 찾아 헤매던 김 박사는 여러 조각으로 나뉘어진 후프뱀 화석을 발견해 실험실로 가져왔다. 잠시 복잡했던 머리도 쉴 겸 여러분이 김 박사를 도와 조각을 배열하여 뱀의 모양을 완성하여라.

샘 로이드의 문제.

우로보로스

고대 그리스에서는 우로보로스가 입으로 자신의 꼬리을 무는 것을 보면서 처음과 마지막이 하나로 연결된 원을 떠올렸다. 그래서 우로보로스가 탄생과 죽음을 하나로 묶어서 상징한다고 생각했다.

중세의 연금술사들은 자신이 알고 있는 지식을 감추기 위해 많은 암호와 기호를 썼다. 그들은 우로보로스가 끝없는 순환을 의미하면서 또한 새로운 변화를 나타낸다고 생각해, 처음과 끝을 동시에 가진 존재로서 우로보로스를 중요한 상징으로 사용했다.

이처럼 우로보로스는 서양의 여러 문화권에서 다른 듯하면서 같은 의미를 지닌 상징으로 사용되어왔다.

우로보로스 안에 수탉을 새겨넣은 루브르 박물관의 모습

우로보로스와 다양한 상징을 통해 영생을 표현한 이집트 벽화

다음 알파벳에 들어갈 숫자를 구하여라.

– 헨리 듀드니가 1924년에 잡지에 기고한 문제.

$$S\ E\ N\ D$$
$$+\ M\ O\ R\ E$$
$$\overline{M\ O\ N\ E\ Y}$$

각 알파벳은 0~9까지의 숫자를 대신하여 사용한 것으로, 같은 알파벳은 같은 숫자를 나타낸다. 왼쪽 끝자리 숫자는 0 이외의 숫자이다.

사칙연산을 제시된 조건에 맞게 예상 확인하는 문제.

해답 163p

복면산

수학 퍼즐의 하나인 복면산은 문자를 이용한 수식에서 각 문자가 나타내는 숫자를 알아내는 퍼즐이다. 숫자를 문자로 숨겨서 나타내므로 문자가 숫자를 대신하여 복면을 썼다 하여 복면산이라고 한다.

헨리 듀드니가 1924년 7월 잡지에 발표한 창작 퍼즐로, 원고료가 적다는 항의를 재치있게 담아낸 유명한 문제이다.

샘 로이드와 같은 시대에 살았던 헨리 듀드니는 샘 로이드와 의견을 교환하면서 자극을 주고 받았다.

1857년 영국의 메이필드에서 태어나 10대 후반부터 신문과 잡지에 창작 퍼즐을 투고했으며 공무원으로 근무하며 단편 소설을

핸리 듀드니

쓰기도 했다. 〈스트랜드 매거진〉 연재를 통해 퍼즐작가로 이름을 알리게 된 듀드니는 로이드와 달리 문제에 숨겨진 수학적인 개념을 알기 쉽게 설명하고 그 원리를 응용한 문제를 내곤 했다. 그중 방물장수 퍼즐이라는 도형분할 문제는 수학자들을 깜짝 놀라게 만들 정도였다. 방물장수 퍼즐은 정삼각형을 네 조각으로 잘라 정사각형을 만드는 문제이다.

조용히 퍼즐 창작과 연구에 몰두했던 듀드니는 후두암으로 세상을 떠날 때까지 퍼즐 칼럼을 썼다고 한다.

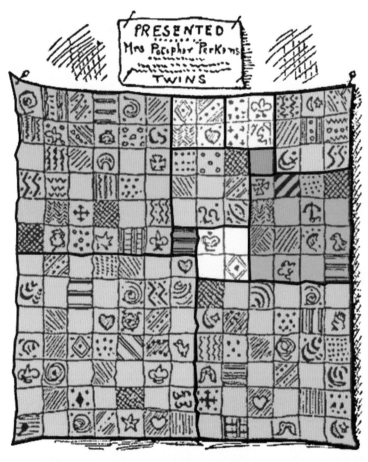

'퍼킨스 부인의 이불' 문제(1917년)

다음 □ 안에 1~9까지의 수가 한 번씩만 들어가서 식이 성립되도록 알맞은 숫자를 넣어라.

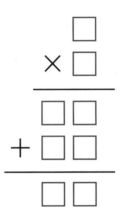

제시된 조건에 맞게 풀어야 하는 추리력 향상 문제.

해답 163p

충식산

문자 대신 빈칸이나 기호로 식을 나타내는 퍼즐도 있다. 이를 충식산이라고 하는데 전해오는 이야기가 있다.

옛날 중국의 한 장사꾼이 닥종이로 된 장부에 외상값을 적어두고 추수가 끝나면 그 외상값을 받으러 다녔다.

그 해에도 외상값을 받을 시기가 되자 장사꾼은 장부를 펼쳐들었다. 그런데 이게 웬일인가? 벌레가 닥종이를 파먹어서 여기 저기 구멍이 숭숭 뚫려 있었다. 외상값을 적어놓은 부분에 구멍이 뚫렸으니 어이가 없었지만 장사꾼은 돈을 받기 위해 연구한 끝에 구멍의 아래와 위에 적힌 숫자를 가지고 그 자리에 적혀 있어야 할 원래 숫자를 알아냈다.

그리고 벌레가 파 먹어서 숫자가 없어진 식이라 하여 충식산이라는 이름이 붙었다.

예)

$$1 \ \square \ 8$$
$$\times \qquad \triangle$$
$$\overline{1 \ 1 \ 0 \ 6}$$

벤 선장이 몰래 숨겨둔 금화자루를 발견한 마루. 금화가 가득 든 열 자루 중 한 자루는 가짜 금화 자루라고 한다. 마루가 한번에 들 수 있는 양은 아홉 자루이며 금화를 노리는 다른 추적자가 쫓아오고 있기 때문에 저울에 달아볼 시간이 부족하다. 딱 한번 저울에 달 수 있는 시간 여유가 있다면 어떤 방법을 사용해야 가짜 금화 자루 대신 진짜만 들고 갈 수 있을까?

(진짜 금화는 하나에 10g이고 가짜 금화는 하나에 9g이라고 한다)

해답 163p

다음 그림에 있는 5개의 원판들을 오른쪽 끝 기둥으로 모두 옮기려고 한다. 단 한 번에 하나의 원판만 옮길 수 있고 반드시 큰 원판이 작은 원판 아래에 놓여야 한다. 그렇다면 원판을 처음과 똑같은 상태로 이동시키기 위해서는 최소 몇 번을 옮겨야 할까?

재귀 호출을 이용한 문제.

해답 164p

하노이의 탑

하노이의 탑은 1883년 프랑스의 수학자인 에두아르 뤼카가 클라우스 교수라는 필명으로 발표한 일종의 퍼즐이다.

하노이의 탑 문제는 재귀 호출을 이용하여 풀 수 있는 가장 유명한 예제 중의 하나로, 원판이 n개일 때, $2^n - 1$번의 이동으로 원판을 모두 옮길 수 있다.

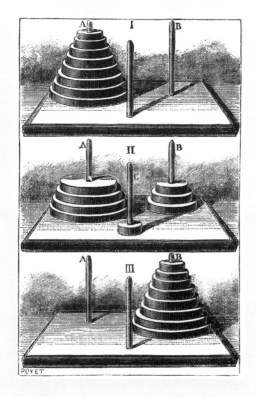

이와 관련된 재미있는 이야기가 있다.

인도의 바라나시 사원에는 세상의 중심을 나타내는 큰 돔이 있다. 그리고 그 안 바닥에는 동판 하나가 깔려 있다. 동판에는 고정된 막대기둥이 3개가 있으며 하나의 기둥에는 금판 64개가 끼워져 있는 데 가장 큰 원판 위에 점점 작은 원판들이 쌓여 있다. 사원의 승려는 브라흐마의 지시에 따라 모든 원판을 다른 기둥으로 옮기는 수행을 한다. 승려는 반드시 한 번에 하나씩, 그리고 큰 원판이 작은 원판 아래에 놓여야 한다는 규칙에 따라 일정한 속도로 옮긴다. 승려가 이 일을 다 마치면 탑이 무너지고 세상의 종말이 온다고 한다.

하지만 세상의 종말을 걱정할 필요는 없을 것 같다.

여러분이 64개의 원판을 옮기려면 $2^{64}-1$번을 움직여야 하고, 한번 옮길 때 걸리는 시간을 1초로 가정했을 때 64개의 원판을 옮기는 데에는 약 5849억 년이 걸린다. 50억 년 후면 태양이 수명을 다하여 적색거성으로 변할 것이다. 그러면 지구에는 생명체가 살 수 없게 될 것이므로 세상의 종말이 오는 데 5849억 년이 걸리는 상황이 오기 전에 먼저 태양계가 무너지니 우리가 걱정할 이유는 하나도 없지 않을까?

그림처럼 병 속에 풍선을 넣고 불어보자.

병 안에 풍선이 꽉 차도록 풍선을 불 수 있을까?

* 직접 실험해보면 더 재미있다.

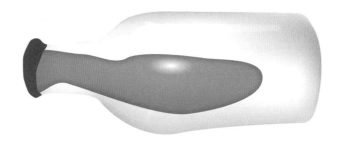

기상학 중 대기압의 크기를 알아보는 문제.

     해답 164p

마그데부르크 실험

　17세기 독일의 마그데부르크 시에서는 특별한 실험이 진행되었다. 호기심 가득한 사람들이 지켜보는 가운데 마그덴부르크 시의 시장이자 과학자였던 오토 폰 케리케는 청동으로 만든 반구 2개를 붙이고 그 안의 공기를 빼서 진공 상태로 만들었다. 그런 다음 양쪽에 각각 8마리의 말을 묶은 후 반구를 잡아당겼지만 반구는 서로 떨어지지 않았다.

　결국 말들이 온 힘을 다한 후에야 겨우 떨어졌는데 떨어질 때 폭발하는 소리가 났다. 대기압의 힘이 얼마나 쎈지를 잘 보여주는 실험이었다.

　그 쎈 대기압을 이용한 물건이 바로 유리창에 붙이는 빨판이다. 문어도 빨판을 이용하여 대기압의 힘을 받아 떨어지지 않고 유리창도 올라갈 수 있다.

　대기압은 공기의 무게에 의해 생기는 압력으로 보통 수은 기둥의 높이

마그데브르크 실험을 묘사한 삽화

가 76㎝가 되게 하는 힘이다. 이탈리아의 과학자 토리첼리(1608~1647)는 유리관과 수은을 들고 직접 돌아다니며 대기압의 크기를 쟀다. 수은을 가득 채운 1m 길이의 유리관을 수은 그릇에 거꾸로 세운다. 그러면 유리관 안의 수은 기둥이 76㎝ 높이에서 멈춘 채 더 이상 내려오지 않는다. 수은 기둥이 내려오다가 멈추는 이유는 수은 기둥의 무게가 그릇에 담긴 수은의 표면을 누르는 대기의 압력과 같기 때문이다. 그래서 1기압을 760mmHg라고 한다.

우리 몸도 매 순간 1기압의 힘을 받는다. 이는 고릴라를 3마리 정도 업고 있는 무게라고 한다. 그래서 그런지 삶이 좀 무겁긴 하다.

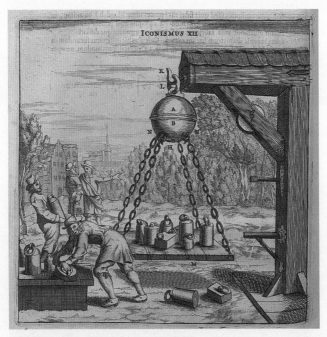

마그데부르크의 시험을 묘사한 또 다른 삽화

어느 날 왕은 건축가를 불러서 열 개의 성을 쌓고 5열의 성벽을 두르되 성벽의 각 열에 네 개의 성을 배치하도록 명령을 내렸다. 건축가는 바로 그림과 같은 의견을 냈다.

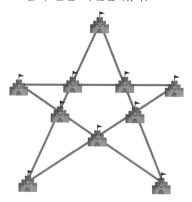

그러자 왕은 버럭 화를 냈다.

"이렇게 하면 외부에서 어느 성으로든 쉽게 쳐들어오지 않느냐? 성벽을 넘지 않고는 닿을 수 없는 안전한 성을 최대한 많이 만들어라."

건축가는 그런 성을 쌓는 것은 불가능하다고 주장했다. 그러자 왕은 자신의 생각을 그려서 보여주었다. 건축가는 그 그림을 보고 깜짝 놀랐다. 왕의 생각 속 성과 성벽은 어떤 모양이었을까?

헨리 듀드니의 '왕과 성' 문제.

해답 165p

동전 2개를 한꺼번에 공중으로 던졌다. 이 때 나올 수 있는 결과는 몇 가지가 있을까?

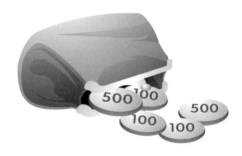

경우의 수와 확률에 대한 문제.

확률

어떤 사건이 일어날 가능성을 수로 나타낸 것을 확률이라고 한다.

수학에서의 확률은 모든 경우의 수에 대해 어떤 사건이 일어날 경우의 수를 비율로 나타낸 것이다.

주사위를 던지면 1~6까지의 수 중 하나가 나온다. 이 중에서 2가 나올 확률을 구하면, 모든 경우의 수는 6이고 2는 1번 나올 수 있으므로 확률은 $\frac{1}{6}$이 된다.

복권이나 경품 당첨 같은 경우는 확률이 아주 낮다. 보통 사람들이 $\frac{1}{1000}$의 확률이면 '1000번 하면 나도 한번은 당첨되겠지'라고 생각하는 데 이는 상술에 속는 귀한 고객님의 자질을 갖춘 것이다. 천만의 말씀이란 뜻이다. $\frac{1}{1000}$의 확률이면 1000번을 해도 당첨될 가능성은 매번 $\frac{1}{1000}$이다. 복권에 당첨될 확률은 길가다 번개 맞을 확률보다 낮다고 하니 아무리 평생 매주 구입한다고 해도 당첨되는 경우는 거의 없다고 봐야한다.

두 가지 사건이 연속적으로 일어날 때 두 가지 경우로 확률을 구할 수 있다. 두 사건이 동시에 일어날 확률과 둘 중 하나만 일어날 확률을 구하는 경우이다. 두 사건이 동시에 일어날 확률을 구하려면 한 사건이 일어날 확률과 나머지 한 사건이 일어날 확률을 곱한다. 예를 들면 동전 한 개를 2번 던져서 모두 앞면이 나올 확률을 구하는 경우이다. 한번 던졌을 때 앞면이 나올 확률 $\frac{1}{2}$ 과 두 번째 던졌을 때 또 앞면이 나올 확률 $\frac{1}{2}$ 을 곱한 값인 $\frac{1}{4}$ 이 모두 앞면이 나올 확률이다. 두 사건 중 하나만 일어날 확률을 구하려면 각각 독립적으로 일어날 확률을 서로 더한다. 예를 들어 동전 한 개를 던져 앞면이나 뒷면이 나올 확률을 구한다면 앞면이 나올 확률 $\frac{1}{2}$ 과 뒷면이 나올 확률 $\frac{1}{2}$ 을 더한 값인 1이 그 답이 된다. 이럴 경우는 확률이 1인 사건으로 반드시 일어난다. 물론 동전이 모서리로 선다거나 굴러가버리는 일은 예외지만 말이다.

하은이는 초콜렛을 아주 좋아해 편식을 하기 때문에 걱정인 엄마는 궁리 끝에 초콜렛과 아몬드, 호두, 사탕 등 36개를 원형으로 쭉 늘어놓은 후 세어서 열 번째 것만 먹을 수 있도록 했다. 그럼에도 하은이는 초콜렛을 계속 먹고 싶다. 어떻게 늘어놓으면 열 번째마다 초콜렛을 먹을 수 있을까?

해답 166p

다음 표의 기호는 각각의 숫자를 대신한다. 그렇다면 ?에 들어
갈 숫자는 얼마인가?

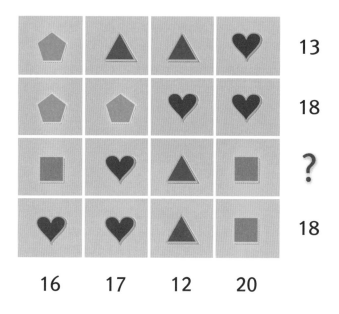

대수학의 연립일차방정식 풀이.

승강장에 가만히 서 있던 사람이 갑자기 기차와 선로 사이로 떨어졌다. 자살이니 타살이니 의견이 분분한 가운데 CCTV 영상을 분석하기로 했다. 영상을 들여다 보던 김 반장은 범인은 이 안에 있다고 말했다. 용의선상에 오른 사람들은 모두 그 시간에 승강장에 없었다며 김 반장이 본 CCTV 영상을 증거로 내놓았다. 그러자 김 반장은 모두의 말이 사실이지만 범인이 주위에 있는 것도 사실이라고 했다. 어떻게 된 일일까?

유체역학에서 베르누이 원리를 떠올려 보자.

해답 166p

베르누이 원리

네덜란드의 과학자이자 수학자인 다니엘 베르누이(1700-1782)는 1738년에 《유체역학》을 발표했다. 그것은 유체(물이나 공기처럼 흐를 수 있는 물질)의 속력과 압력의 관계를 나타낸 것이었다.

베르누이의 원리란 단면적을 지나는 유체의 속력이 빨라지면 압력이 감소하고 유체의 속력이 느리면 압력이 증가한다는 것으로 '에너지 보존'과 관련이 있다.

가령 예를 들어 비행기의 날개는 위쪽으로 볼록한 형태이므로 날개 위를 지나는 공기의 속력은 빨라져 압력이 작아지고 날개 아래를

핸리 듀드니

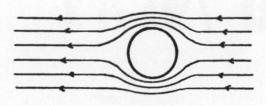

베르누이 원리.

지나는 공기의 속력은 상대적으로 느려서 압력이 커진다. 그러면 날개 위 아래의 압력 차에 의해 위로 향하는 힘이 생겨서 비행기 날개가 떠오르게 된다.

또 비행기가 빠른 속도로 물 위를 날면 비행기 아래쪽 압력이 낮아져서 바닷물이 위로 솟구치게 된다. 또는 호스로 물을 뿌릴 때 호스 끝을 누르면 물의 속력이 빨라져서 수압이 세게 나오는 것도 베르누이 원리 때문이다.

마찬가지로 기차가 빠르게 지나가면 공기의 속력이 빨라져서 기압이 낮아지게 되어 주변의 공기들이 압력차에 의해 기차 쪽으로 움직이게 된다.

이와 같은 원리에 의해 승강장 끝에 서 있을 경우 그 공기에 밀려서 중심을 잃고 기차와 선로 사이로 떨어질 수 있다.

DANIELIS BERNOULLI Joh. Fil.
MED. PROF. BASIL.
ACAD. SCIENT. IMPER. PETROPOLITANÆ, PRIUS MATHESEOS
SUBLIMIORIS PROF. ORD. NUNC MEMBRI ET PROF. HONOR.

HYDRODYNAMICA,
SIVE
DE VIRIBUS ET MOTIBUS FLUIDORUM
COMMENTARII.
OPUS ACADEMICUM
AB AUCTORE, DUM PETROPOLI AGERET,
CONGESTUM.

ARGENTORATI,
Sumptibus JOHANNIS REINHOLDI DULSECKERI,
Anno M D CC XXXVIII.
Typis Joh. Henr. Deckeri, Typographi Basiliensis.

1738년 출간한 《유체역학》

107

항아리에 기름 10되가 들어 있다. 이것을 두 명에게 똑같이 나누어주려고 한다. 그런데 3되 들어가는 그릇과 7되 들어가는 그릇밖에 없다. 어떻게 하면 둘에게 똑같이 5되씩 나누어줄 수 있을까?

일본의 고전 퍼즐로 1627년에 간행된
요시다 미쓰요시의 수학 서적인《진코키》에 수록된 문제.

해답 167p

모기가 잔뜩 모여 있는 동굴을 찾게 된 박쥐는 오랜만에 포식을 하게 되었다. 첫 번째 날갯짓으로 500마리의 모기를 잡아먹었다. 다시 한번 날갯짓하자 300마리의 모기를 먹을 수 있었다. 다음번 날갯짓에서 잡은 모기의 수는 처음 동굴 안에 있던 모기의 $\frac{1}{5}$ 이었다.

남은 모기의 수가 처음 동굴 안에 있던 모기의 수의 $\frac{4}{7}$ 라고 하면 박쥐가 먹은 총 모기 수는 얼마일까?

유리수의 계산 문제.

해답 167p

모기와 박쥐

여름밤이면 사람의 주변을 엥엥거리며 흡혈 기회를 노리는 모기는 분명 암컷 모기이다. 사실 모기는 식물즙을 먹고 사는 데 알을 성숙시키기 위해 필요한 단백질 때문에 암컷 모기는 흡혈을 한다. 모기는 흡혈할 때 숙주의 피가 응고하지 않도록 하는 물질을 체내로 집어넣기 때문에 물린 곳이 가렵거나 부풀어 오르게 된다. 또한 뇌염, 뎅기열, 말라리아 등 여러 병의 매개체이기도 하다. 흡혈 과정에서 여러 병균들을 옮기기 때문이다. 이로 인해 전 세계가 모기를 박멸하기 위해 다양한 노력을 한다. 여러 가지 약품이나 친환경적 모기 퇴치를 위해 모기의 유충을 잡아먹는 미꾸라지나 박쥐를 이용하기도 한다.

이처럼 유해하게 보이는 모기가 멸종되면 어떻게 될까?

모기는 식물즙, 꿀 등을 먹으면서 식물의 수분을 돕기도 하고 다른 동물이나 곤충의 먹이가 되기도 해서 모기가 멸종되면 생태계에 문제가 생길 수 있다고 한다.

그럼에도 모기의 유해성이 너무 커 외국에서는 하룻밤에 3000마리 이상의 모기를 잡아먹는 박쥐를 위한 나무집을 짓기도 했다. 박쥐는 모기뿐만 아니라 여러 해충을 먹이로 하고 있다.

박쥐의 종류는 970여 종 정도 되는데 그중 흡혈박쥐는 1~2%에 불과하다. 흡혈박쥐의 흡혈 대상은 사람이 아니라 주로 소나 말이며 흡혈 도중에 병을 전염시키기도 한다. 하지만 대부분의 박쥐는 과일이나 식물즙 또는 곤충을 잡아먹으며 우리나라에는 24종의 박쥐가 있다(우리나라는 흡혈박쥐가 없다).

포유동물 중 유일하게 날아다니는 박쥐는 눈이 잘 보이지 않아서 초음파로 방향이나 장애물의 존재여부, 먹이 등을 알아낸다. 먹이를 발견하면 더 빠르게 초음파를 쏴서 정확한 위치를 감지한다. 또 서로 경쟁이 붙으면 방해초음파를 쏘아 먹이의 위치를 헷갈리게 만들기도 한다.

우리의 상식과 달리 초음파를 쏘지 않는 박쥐도 있다. 과일을 먹는 박쥐는 눈도 크고 시력도 좋은데다 후각이 발달하여 초음파를 사용하지 않는다.

우물 안 개구리는 오늘도 슬픈 노동을 하고 있다. 10m 우물 속으로 떨어진 뒤 매일 부지런히 우물의 벽을 타고 겨우 2m 올라가지만 밤이 되어 쉬는 동안 다시 1m 아래로 미끄러져 버린다. 그래도 찬란한 내일을 위해 오늘도 힘내서 전진하는 개구리 씨! 그렇다면 개구리가 우물을 완전히 나오기 위해서는 모두 며칠이 걸릴까?

해답 168p

방물장수가 정삼각형의 천을 들고 있다. 이 정삼각형을 네 조각으로 잘라서 정사각형을 만들어보아라.

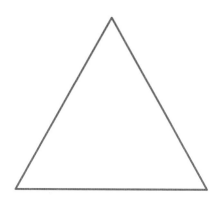

헨리 듀드니가 영국 왕립협회 학자들 앞에서 고리로 연결한 조각으로
'등적다각형의 분할합동 정리'를 응용한 문제

도형의 분할과 재구성을 이용한 문제.

도형의 분할과 재구성

헨리 듀드니가 1907년 출간한《켄터베리 퍼즐》에 실린 방물장수 퍼즐은 도형을 분할한 후 재구성하는 문제로 듀드니의 대표적인 문제이다.

이 문제는 1833년에 수학자 보야이와 게르윈이 발표한 '등적다각형의 분할합동 정리'에 근거해서 만들었다.

'등적다각형의 분할합동 정리'란 평면 위에 면적이 같은 두 다각형이 주어질 경우, 두 다각형 모두를 조합할 수 있는 조각들이 반드시 있다는 원리이다.

샘 로이드가 먼저 출제하였으나 답이 잘못된 것을 안 듀드니가 정답을 제시한 판자 절단 문제도 도형 조합 퍼즐로, 계단의 원리를 이용한 문제였다.

얼마전에는 헨리 듀드니의 방물장수 퍼즐의 영향을 받은 건축물이 세워져서 뉴스에 보도되었다.

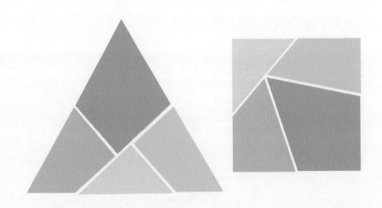

영국의 건축 디자이너 데이비드 그륀버그와 대니얼 울스턴이 건축한 다이나믹 d하우스는 네 개의 구조물로 나뉘어 각각 레일을 따라 이동하면서 총 여덟 가지의 다양한 형태로 바뀐다. 따뜻한 날씨에는 실내공간이 최대한 바깥쪽에 위치하도록 형태를 바꾸었다가 추운 날씨에는 실내공간을 건물 중심으로 위치하도록 움직여 차가운 공기를 막는 방식이다. 혹독한 날씨로 유명한 유럽의 최북단 라플란드 지역의 특성에 맞게 고안된 건축물로, 실생활에까지 활용된 재미있는 퍼즐의 예이다. 아주 독특한 다이나믹 d하우스의 모습은 인터넷으로 검색해 확인할 수 있다.

성냥개비로 정사각형 5개를 만들었다. 여기서 성냥개비 2개를
움직여서 정사각형 4개를 만들어라. 단 성냥개비를 겹치거나 부
러뜨릴 수 없다. 정사각형의 크기도 변하지 않아야 한다.

(1)

(2)

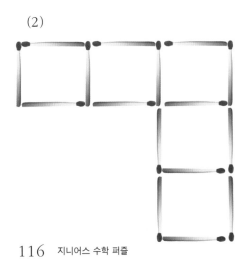

해답 169p

파아란 하늘은 높디높고 단풍이 물드는 요즘, 광석 씨는 솔로 천국을 외치지만 사실 솔로의 아픔을 끌어안고 지내는 중이다. 그런 광석 씨의 눈에 한 여인이 들어왔다. 하늘거리는 원피스는 꽃피는 봄처럼 화사했고 지적이면서 단아한 모습은 그림 같았다. 광석 씨는 용감한 자가 되어 여인에게 전화번호를 물었다. 그러자 여인은 1111-1111이라고 적어주었다.

'이 사람이 나를 놀리는구나' 실망한 광석 씨에게 여인이 살포시 웃으면서 수수께끼 같은 말을 했다.

"집 전화번호랍니다. 국번은 세 자리로 다 더해서 둘로 나누었고 뒷번호는 두 자리씩 더했어요. 첫 번째 수는 짝수이고 앞 세 자리 중 두 번째와 뒤 네 자리 중 두 번째만 큰 형님으로 같아요. 다른 수는 겹치지 않아요. 아, 작은 수가 주로 앞에 선답니다. 그럼 연락 기다릴게요."

알려주려면 쉽게 알려주지 시험에 들게 한 후 화사하게 웃으며 가버리는 여인의 뒷모습을 바라보며 망연자실해진 우리의 광석 씨!

과연 여인의 전화번호는 어떻게 될까?

해답 170p

다음 식의 빈칸에 알맞은 수를 넣어라.
힌트는 주어진 일곱 개의 7이다.

```
                        □□7□□
□□□□7□ )  □□7□□□□□□
          □□□□□□
          □□□□□7□
          □□□□□□□
           □7□□□□
           □7□□□□
          □□□□□7□
          □□□□□□
          □□□□□□
                 0
```

가장 유명한 '빈칸 메우기 계산' 문제이다.
이 문제를 계기로 '빈칸 메우기 계산놀이'를 많은 사람들이 즐기게 되었다.

해답 171p

그림에서 각각 색칠된 부분의 넓이가 같음을 증명하여라.

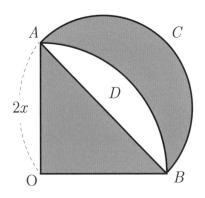

히포크라테스의 반원 그림

기하학에서 다각형과 원의 넓이를 구하는 방법을 이용하는 문제.

히포크라테스의 반원

그리스의 의학자였던 히포크라테스(B.C 460?~B.C 377?)는 3대 작도 불능 문제를 풀기 위해 연구하다가 자와 컴퍼스로만 그릴 수 있는 도형을 발견하게 되었다.

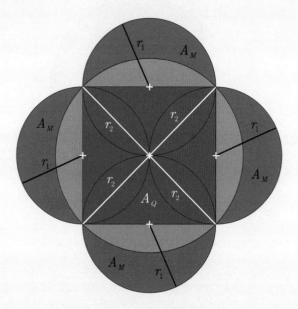

'히포크라테스의 초승달'이라고 불리는 도형으로, 직각삼각형과 직각삼각형의 빗변을 지름으로 하는 반원이 있을 때 그 반원에서 직각삼각형의 밑변을 반지름으로 하는 부채꼴을 뺀 초승달 모양과 직각삼각형의 면적이 같다.

그리스의 코스 섬에서 태어나 의사이자 의학의 아버지라 불린 히포크라테스의 생애에 대한 기록은 거의 없다. 플라톤은 〈프로타고라스〉와 〈파이드로스〉에서 히포크라테스에 대해 의학을 철학적으로 접근한 유명한 의사라고 언급했다.

히포크라테스는 코스 의학교에서 학생들을 가르치고 일생 동안 그리스와 소아시아를 여행하면서 의술을 행하였다.

히포크라테스

원시 사회에서는 병이 걸리면 죄나 잘못된 행동에 대한 벌이라고 생각했다. 하지만 그리스인은 질병에 대한 접근방법이 달랐다. 기원전 7세기경부터 논리적으로 병의 원인을 설명하려 하면서 현대 의학과 가장 가까운 성격을 가진 자연철학에 바탕을 둔 그리스 의학이 발달하게 되었다.

4원소설을 주장한 엠페도클레스의 제자들은 질병이 생기는 이유를 4체액설로 설명하려 했다. 오늘날 의사들의 선서(히포크라테스 선서)로 유명한 히포크라테스는 이 4체액설을 지지하고 정리했다. 4가지 체액은 피, 황담즙, 점액, 흑담즙으로 각각 열, 냉, 건, 습의 4가지 성질을 가진다. 히포크라테스는 서로 반대의 성질을 가진 체액 간의 불균형이 병을 가져온다고 믿었기 때문에 한쪽이 많으면 반대되는 다른 체액을 보충하여 병을 낫게 하려 했다.

중세까지 절대적인 영향을 준 로마의 갈레노스가 이 4체액설을 가장 올바른 의학 이론이라고 전파하면서 4체액설은 1500여 년 동안 의학계의 정설로 여겨졌다. 그러나 16세기에 들어서면서 몸을 다치거나 상하면 병이 생긴다는 것이 의학자들의 실험과 관찰로 증명되어 4체액설은 사라지게 되었다.

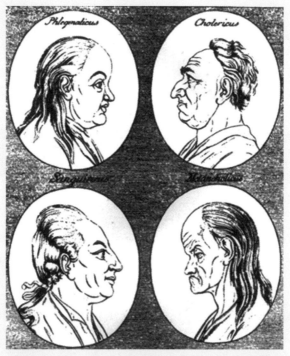

4체액설에 따른 기질을 인물로 표현한 목판화. 왼쪽 위부터 시계 방향으로 점액질, 담즙질, 우울질, 다혈질.

다음 지도를 칠하려고 한다. 이웃한 구역은 같은 색을 사용하지 않고 칠한다면 최소한 몇 가지 색이 필요할까?

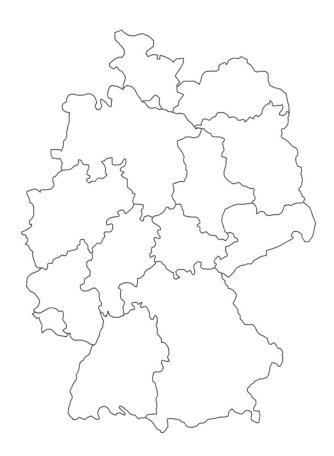

4색 문제

4색 문제는 지도를 색으로 칠해서 구분하는 문제로 1852년 영국의 법대생 프랜시스 거스리$^{Francis Guthrie}$(1831~1899)가 소개했다.

프랜시스 거스리
© Tomwsulcer

거스리는 대학시절 영국의 지도에 색을 칠해가면서 주를 구분하다가 네 가지 색만으로도 모든 주를 구분할 수 있다는 것을 알게 되었다. 이를 남동생 프레드릭에게 이야기하자 프레드릭은 그 당시 유명한 수학자 드모르간에게 이유를 물어보았다. 하지만 드모르간은 증명에 실패했으며 이후 수많은 수학자들이 4색 문제를 증명하기 위해 도전했다.

1879년에는 알프레드 켐프가 4색 문제를 증명해 '4색정리'로 받아들여졌으나 11년 후인 1890년 퍼시 히우드가 오류를 찾아내면서 증명이 틀렸음이 밝혀졌다. 당대 정상급 수학자였던 헤르만 민코프스키는 4색 문제 정도라면 며칠이면 풀 수 있다고 큰 소리 쳤다가 실패했다.

독일의 수학자 하인리히 헤슈는 컴퓨터를 이용하여 4색 문제를 증명하려 했지만 세계대전의 패전국 독일에는 변변한 컴퓨터가 없어서 미국을 드나들며 연구해야 했다. 하지만 재정이 넉넉지 못한 독일 당국이 연구비 지원을 끊으면서 헤슈의 연구는 계속될 수 없었다.

4색 문제가 나온 지 100년이 지난 1976년에 드디어 미국의 일리노이

대학 수학자 하켄과 아펠이 컴퓨터를 이용하여 1936개 지역을 4색으로 구분할 수 있음이 증명되었다.

하지만 수학자들 사이에서는 컴퓨터가 증명한 것을 받아들일 수 없다는 의견도 있다.

'페르마의 마지막 정리'와 '3대 작도 불능 문제'와 함께 '4색 문제'는 유명한 문제가 되어 지금도 사람들의 도전을 자극하고 있다.

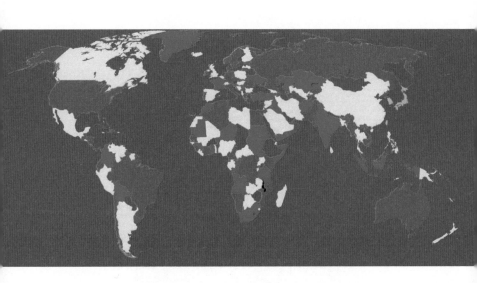

다음 그림은 클론다이크의 숲을 여러 칸으로 나눠서 각 칸마다 숫자를 적었다. 숲의 한 가운데에 있는 하트 모양 3에서 시작해서 이 숲을 빠져나가야 한다. 가로, 세로, 대각선 어느 방향으로도 이동할 수 있지만 칸에 적힌 숫자만큼만 움직여야 한다. 또 숲의 가장자리에서 숲을 빠져나가려면 한 칸이 남아야만 한다. 예를 들어 칸 숫자가 3이면 두 번 움직였을 때 숲의 가장자리 마지막 칸에 닿아야만 남은 한 번으로 숲을 빠져나갈 수 있다. 당신이 그 경로를 찾는 행운아이길 바란다.

샘 로이드가 출제한 '클론다이크'의 숲 퍼즐.

다음 그림을 보며 두 그림 사이에 어떤 관계가 있는지 말해보아라.

오른쪽 원기둥 속에 원뿔과 왼쪽 반구의 부피를 살펴보면 알 수 있다.

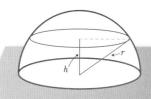

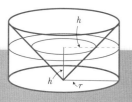

기하학의 '카발리에리의 원리' 응용 문제.

해답 174p

우리 조상들은 어떻게 구의 부피를 구했을까?

중국의 《구장산술》은 서양의 유클리드의 《기하학원론》에 비교될 만큼 동양의 수학사에서 중요한 자리를 차지하고 있다. 우리나라와 일본, 베트남뿐 아니라 인도에까지 영향을 미친 수학서로 7~8세기경 신라의 국학에서 구장산술을 교재로 사용한 기록이 《삼국사기》에 남아 있다. 《고려사》에도 경제 관료를 뽑는 시험에 구장산술의 일부를 암송, 문제를 풀이하게 했다는 기록이 있고 조선말 정치가이자 수학자인 남병길이 《구장산술》의 주석이라 할 수 있는 《구장술해》를 쓸 정도로 우리나라는 오랫동안 이 책의 영향을 받아왔다.

《구장산술》 제4권 소광에는 지름을 제곱하고 여기에 지름을 곱하고 또 9를 곱하고 16을 법으로 하여 나누어 구의 부피를 구할 수 있다고 되어 있다.

유휘(220?~280?)는 《구장산술》에 주석을 달면서 구의 부피 공식이 부정확하다고 지적했다. 250년 뒤 남북조 시대의 수학자이자 천문학자인 조충지(429~500)는 원주율 값을 세계 최초로 소수점 아래 여섯 번째 자리까지 정확히 계산했다. 그의 아들인 조훤은 아버지의 정리를 이어받아 색다른 방법으로 구의 부피 공식을 구했다. 그 방법은 현재 '카발리에리의 원리'라고 알려진 방법이었다.

'카발리에리의 원리'란 두 입체도형 A, B를 정해진 하나의 평면에 평행한 평면으로 잘랐을 때 생기는 두 단면의 넓이가 항상 $m:n$이면 A, B의 부피의 비도 $m:n$이 된다는 것이다.

'카발리에리의 원리'는 적분법이 사용되기 전에 입체도형의 부피를 구하는 데 사용되던 방법으로, 이탈리아의 수학자 카발리에리가 《불가분량의 기하학》에서 구의 부피를 구하는 원리로 제시한 방법이다.

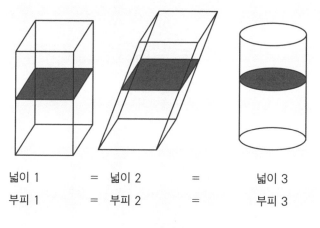

넓이 1   = 넓이 2   =   넓이 3
부피 1   = 부피 2   =   부피 3

카발리에리의 원리

조선의 산학자인 경선징(1616~)이 쓴 《묵사집산법》에도 구의 부피를 구하는 두 가지 방법이 나온다.

1. 둘레를 제곱하고 이에 둘레를 곱하여 48로 나누면 구의 부피를 얻는다.

$$V = (둘레)^2 \times (둘레) \div 48 = \frac{l3}{48} = \frac{(2\pi r)^3}{48} = \frac{\pi^3}{6} r^3$$

2. 지름을 제곱하고 이에 지름을 곱하고 또 9를 곱하고 16을 법으로 하여 나누면 구의 부피를 얻는다.

$$V = (지름)^2 \times (지름) \times 9 \div 16 = \frac{9}{16} d^3 = \frac{9}{2} r^3$$

2의 공식은 《구장산술》 제
4권 소광에 이미 나와 있는
방법이다.

$\pi = 3$이면 두 공식은 같은
식이 된다. 하지만 $\pi = 3$이
아니기 때문에 이 두 공식으
로는 구의 부피를 정확히 구
할 수가 없다.

조충지 부자가 구의 부피
를 구한 것은 카발리에리보
다 1000년 이상 앞서지만
아쉽게도 연구 결과가 후세
에 전해지지 않는다.

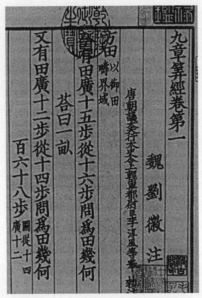

구장산술

요즘 회사에선 점심내기 사다리타기가 유행이다. 짠돌이 김 과 장은 돈을 내지 않기 위해 항상 제일 먼저 번호를 선택한다. 이번 에는 몇 번을 선택해야 돈을 내지 않고 점심을 먹을 수 있을까?

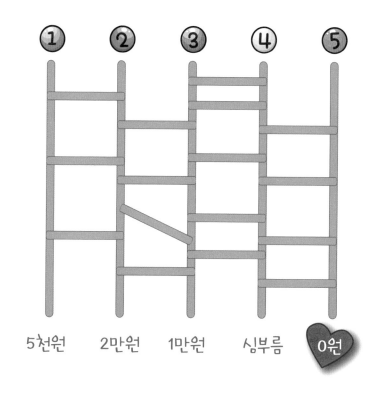

일대일대응

사다리타기처럼 번호 하나당 하나의 결과가 선택되는 것이 바로 일대일
대응 함수이다.

정의역의 각 원소에 서로 다른 함숫값이 대응되는 일대일 함수이면서 치
역과 공역이 일치하는 함수이다.

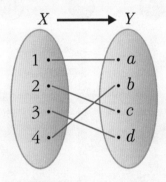

옛날 술집 주인이 손님들이 마시는 술잔의 수를 석판 위에 분필로 표시
한데서 유래한 '기록하다'라는 뜻의 영어 단어 to chalk one up은 일대
일대응이 실생활에 사용되었음을 보여준다.

청나라로 끌려간 포로들을 구하기 위해 달려간 조선의 사신단에게 청나라 장수가 말했다.

"포로들이 들어 있는 방이 100개가 있다. 그중 25개의 방에 조선인 포로들이 들어 있지. 한 번도 틀리지 않고 25개의 방을 맞추면 다 풀어주마. 하지만 한번이라도 틀리면 한 명도 풀어줄 수 없다."

조선 사신단은 힌트를 달라고 말했다.

"1과 자신만으로 나누어지는 수가 조선인 포로가 들어 있는 방이다."

조선의 사신단은 모두 고민에 빠졌다. 25개의 방을 다 맞춰서 포로를 모두 데려갈 수 있도록 여러분이 도와주길 바란다.

에라토스테네스의 체

에라토스테네스가 자연수에서 소수만을 체로 쳐서 골라내듯이 골라낸
방법을 '에라토스테네스의 체'라고 한다. 1과 자기 자신만을 약수로 갖는
수로 이를 소수라고 한다.

1	2	3	4	5	6	7	8	9	10
11	12	13	14	15	16	17	18	19	20
21	22	23	24	25	26	27	28	29	30
31	32	33	34	35	36	37	38	39	40
41	42	43	44	45	46	47	48	49	50
51	52	53	54	55	56	57	58	59	60
61	62	63	64	65	66	67	68	69	70
71	72	73	74	75	76	77	78	79	80
81	82	83	84	85	86	87	88	89	90
91	92	93	94	95	96	97	98	99	100

에라토스테네스의 체 그림

에라토스테네스는 소수를 쉽게 구하기 위해서 1부터 차례대로 소수가 아닌 수를 지워나가는 방법을 사용했다. 2의 배수를 지운 후 3의 배수, 5의 배수 등을 지우는 식으로 말이다. 재미있는 건 5의 배수까지 지우면 남은 수 7, 11, 13, 17, 19, 23, 29, … 중에서 7부터 뒤로 한참 동안 소수만 나오다가 (7의 제곱인) 49에서야 소수가 아닌 수가 나타난다. 7의 배수까지 거르고 나면 남은 수 중 121보다 작은 수는 모두 다 소수이다.

이집트의 시에네에서 태어난 에라토스테네스^{Eratosthenes}(BC 276년경~195년경)는 시인이자 천문학자이며, 지리학자 겸 수학자였다. 운동도 뛰어나게 잘하는 등 다방면으로 재주가 많아 '모든 방면에 2인자'라는 뜻의 베타라는 별명을 가졌다.

에라토스테네스는 자전축이 기울어진 정도를 측정하고 여행자들로부터 들은 정보를 토대로 위도와 경도를 사용하여 세계지도를 그리기도 했다.

지역에 따른 태양의 고도 차이와 지역 간 거리를 이용하여 최초로 지구의 둘레를 잰 사람이기도 하다. 2300년이나 전에 에라토스테네스가 잰 지구의 둘레와 실제 지구의 둘레가 크게 차이나지 않는 걸 보면 그가 얼마나 뛰어난지 알 수 있다.

아르키메데스는 당대에 자신을 이해해줄 사람은 에라토스테네스뿐이라고 했다. 아르키메데스가 에라토스테네스에게 보낸 편지가 바로 아르키메데스의 저서로 알려진 《방법$^{The Method}$》이다.

이처럼 최고의 지성으로 꼽히던 에라토스테네스는 나이가 들면서 시력을 잃게 되자 이를 비관해 먹는 것을 거부하고 굶어죽고 말았다.

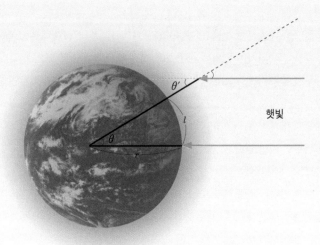

에라토스테네스의 지구 크기 측정 방법

$$360° : \theta = 2\pi r : l$$

$$2\pi r \times \theta = 360° \times l$$

$$2\pi r = 360° \times \frac{l}{\theta}$$

아래 그림은 회문으로 이루어진 퍼즐이다. 여기에서 'REDRUM & MURDER'(붉은 럼주와 살인)이라는 단어를 찾아보자. 어떤 R에서 시작해도 상관없고 상하좌우, 또는 계단 모양으로 진행해도 된다. 최대 몇 개나 찾을 수 있을까?

1897년 샘 로이드가 출제한 문제이다.

붉은 럼주와 살인

회문

'다시 합창합시다.', '토마토'처럼 어느 쪽에서 읽어도 같은 말이 되는 단어나 문장을 회문이라고 한다. 회문을 가지고 말장난을 하기도 하고 단어나 문장 만들기 놀이를 하기도 한다.

12321처럼 어느 쪽으로 읽어도 같은 수인 경우는 회문수라고 한다.

1을 가지고 회문수를 만들어 보자.

$$1 \times 1 = 1$$
$$11 \times 11 = 121$$
$$111 \times 111 = 12321$$
$$1111 \times 1111 = 1234321$$
$$11111 \times 11111 = 123454321$$
$$111111 \times 111111 = 12345654321$$

계속 회문수가 나올까?

아쉽게도 회문수는 여기까지만 나온다. 더 궁금하면 계산기를 두드려보아도 좋다.

직육면체 모양의 방에 거미와 파리가 앉아 있다. 방의 크기는 가로 30m, 세로 12m, 높이 12m이고 거미는 천장 중앙에서 벽 쪽으로 1m 내려온 A지점에 앉아 있다. 파리는 반대쪽 바닥 중앙에서 벽 위로 1m 올라온 B지점에 있다면 거미가 파리를 잡기 위해 이동하는 가장 짧은 거리는 몇 m일까?

헨리 듀드니가 1903년 〈위클리 디스패치〉지에 출제한 문제로 전세계 각종 퍼즐책에 인용되는 유명한 문제이다.

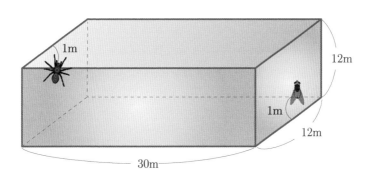

직육면체의 전개도와 피타고라스의 정리를 이용하면 풀 수 있다.

해답 176p

두 그림의 각 중심에 있는 원은 어느 쪽이 더 클까?

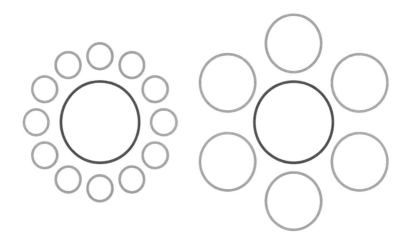

시각과 대뇌의 인식 차이.

해답 177p

착시

실제와 다르게 느끼는 착각현상이 시각에서 일어나는 것을 착시라고 한다. 흔히 예로 드는 착시 현상은 다음 두 직선이다.

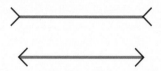

같은 길이임에도 화살표의 방향에 따라 길이가 달라 보인다.

모양이 달라 보이기도 하고 원근감을 다르게 느끼기도 한다.

제주도의 도깨비 도로 역시 착시로 인한 현상이다. 내리막길로 보이는 길에 세워둔 차가 거꾸로 올라가는 모습이 유명해져 관광객을 불러모으고

당신의 눈에는 어떻게 보이는가?

있다. 하지만 그 길은 우리 눈에 내리막길로 보일 뿐 실제로는 오르막길이다.

본다는 것은 빛이 물체에 반사되어 우리 눈으로 들어와서 망막의 시각세포가 그 정보를 뇌로 전달하여 뇌에서 정보를 재구성하는 것이다. 망막의 시각세포에는 명암과 모양을 느끼는 시각세포와 색을 감지하는 시각세포가 있다.

빨간색을 뚫어지게 바라보다가 하얀 벽을 바라보면 순간적으로 하얀 벽이 파란색으로 보인다. 그 이유는 다음과 같다.

빛의 색을 느끼는 망막의 원추 세포 중 빨간색을 느끼는 세포가 오랫동안 빨간색을 보고 있으면 피로감을 느낀다. 피로해진 세포는 하얀 벽에서 반사하는 빨간색을 덜 감지하게 되고 다른 예민한 원추 세포들이 반응하면서 보 색관계인 파란색으로 보이게 되는 것이다. 이처럼 착시는 시각의 문제이기도 하지만 인식 과정에 따라서 달라지기도 한다. 과거의 경험과 추리에 따라 인식하는 정도가 달라지기도 하고 감각기관에 의해 들어오는 정보가 변형되기도 하고 뇌에서 인식할 때 재해석하기도 하면서 착시나 착각을 일으키게 된다.

    7채의 집이 있고 각 집마다 7마리의 고양이가 있다. 총 고양이 수는 49마리이고 고양이는 각각 7마리의 쥐를 잡을 수 있다. 쥐의 총수는 343마리이다. 쥐가 보리를 7개씩 먹으면 쥐가 먹는 보리의 양은 2401개이고 하나의 보리가 싹을 틔워서 맺는 보리가 7되씩이라면 쥐가 먹어서 얻지 못한 보리의 양이 총 16807되가 된다. 이 모든 수를 더한 값이 19607이다.

넘쳐 흐른 물의 부피 : 288π

남은 물의 높이 : $4\,\mathrm{cm}$

넘쳐 흐른 물의 부피＝구의 부피(아르키메데스의 부력에 의해)

구의 부피＝$\dfrac{4}{3}\pi r^3 = \dfrac{4}{3}\times \pi \times 6^3 = 288\pi$

남은 물의 높이는 물통의 부피－구의 부피로 알 수 있다.

반지름이 같을 때 구의 부피는 원기둥 부피의 $\dfrac{2}{3}$ 이므로 물

은 $\dfrac{1}{3}$ 이 남는다.

그러므로 높이는 $12\,\mathrm{cm}$의 $\dfrac{1}{3}$ 인 $4\,\mathrm{cm}$

3방진은 답이 하나뿐이다.

6	1	8
7	5	3
2	9	4

여러 방법이 있겠지만 한 예를 들어보면 다음 그림과 같다.

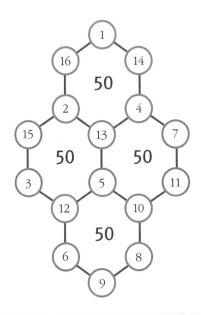

한 변의 길이가 a라면 원래 제단의 부피 V는 a^3이다. 2V가 되려면 한 변의 길이를 $\sqrt[3]{2}$ 배로 늘리면 된다.

제단의 부피를 2배로 늘리라는 신탁이었음에도 변의 길이를 2배로 늘려 부피가 8배로 늘어났기 때문에 전염병이 사라지지 않았다.

　　종이에 연필 끝으로 구멍을 작게 뚫고 바닥에 태양의 상이
선명하게 맺히도록 한다. 이때 바닥과 종이 사이의 거리를 잰
다. 그리고 바닥에 맺힌 상의 지름을 잰 후 비례식을 써서 계
산하면 된다.

태양의 지름(R) : 태양상의 지름(r)
=태양과 지구 사이의 거리(D) : 종이와 바닥 사이 거리(d)

$$R = \frac{r \times D}{d}$$

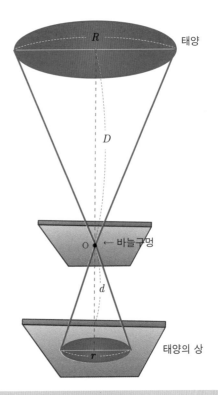

디오판토스는 84세를 살았다. 죽을 때의 나이를 x 라고 하면,

$$\frac{x}{6} + \frac{x}{12} + \frac{x}{7} + 5 + \frac{x}{2} + 4 = x$$

양쪽 변에 최소공배수 84를 곱해주면

$$14x + 7x + 12x + 420 + 42x + 336 = 84x$$

이항하여 정리하면

$$84x - 75x = 756$$
$$9x = 756$$
$$\therefore x = 84$$

```
            1
          1   1
        1   2   1
      1   3   3   1
    1   4   6   4   1
  1   5  10  10   5   1
1   6  15  20  15   6   1
―――――――――――――――――――――――――
1   7  21  35  35  21   7   1
```

식은 다양하게 찾을 수 있지만 기호를 가장 적게 쓰는 식은
$123 - 45 - 67 + 89 = 100$ 이다.

그 외의 예) $123 + 4 - 5 + 67 - 89 = 100$

$$123 + 45 - 67 + 8 - 9 = 100$$

$$1 + 2 + 3 - 4 + 5 + 6 + 78 + 9 = 100$$

$$12 + 3 - 4 + 5 - 67 + 8 + 9 = 100$$

$$1 + 2 + 34 - 5 + 67 - 8 + 9 = 100$$

$$1 + 23 - 4 + 5 + 6 + 78 - 9 = 100$$

$$12 - 3 - 4 + 5 - 6 + 7 + 89 = 100$$

$$1 + 23 - 4 + 56 + 7 + 8 + 9 = 100$$

$$12 + 3 - 4 + 5 + 67 + 8 + 9 = 100$$

$$12 + 3 + 4 + 5 - 6 - 7 + 89 = 100$$

$$123 - 4 - 5 - 6 - 7 + 8 - 9 = 100$$

새로 태어난 토끼 쌍은 144쌍. 새로 태어나는 토끼 쌍은 피
보나치 수열을 따르므로

$1, 1, 2, 3, 5, 8, 13, 21, 34, 55, 89, 144 \cdots$

12달째 토끼 쌍 수는 144쌍.

정삼각형

정삼각형은 무게중심과 외심, 내심이 한 점으로 같다.

덧그린 정삼각형의 무게중심을 중심으로 외접하는 원을 그리면 좀더 이해하기 쉽다.

원의 중심에서 현으로 내린 수선이므로

선분 $BQ \perp$ 선분 GI, 선분 $AQ \perp$ 선분 HI

$\angle IPQ = \angle IRQ = 90^\circ$ 이고 $\angle F = 60^\circ$ 이므로

대각인 $\angle PQR = 120^\circ$

따라서 $\angle I = 60^\circ$

같은 방법으로 $\angle D = \angle E = 60^\circ$ 임을 알 수 있으므로

$\triangle GHI$ 는 정삼각형이다.

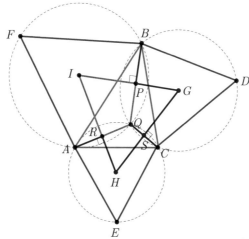

마찰이 없는 경우 원숭이가 줄을 잡아당기면 그만큼 추도 딸려 올라갈 것이므로 원숭이와 추의 상태는 변함없이 균형을 이루게 될 것이다.

불가능하다

각 지역을 점으로 그리고 다리를 선으로 간단하게 그리면 이 문제는 연필을 떼지 않고 그리는 한붓그리기 문제가 된다. 한붓그리기가 가능하려면 교차하는 점에 모이는 선이 홀수인 곳이 두 곳이거나 아니면 모두 짝수여야 하는데 이 지역에서는 교차하는 점에 모인 선이 홀수인 곳이 4곳 모두이므로 불가능하다.

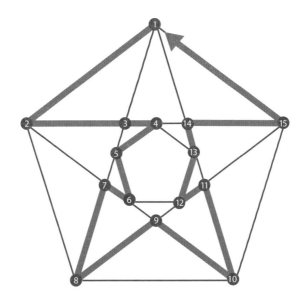

　해밀턴 회로는 오일러 회로와 달리 주어진 그래프에 해밀턴 회로가 있는지 쉽게 알 수 있는 방법이 없어서 직접 그려 보는 것이 좋다.

점의 개수 26 − 변의 개수 32 + 면의 개수 7 = 1

90°

　원의 접선은 원의 중심에서 그은 선과 수직이므로 빨간색 원의 중심에서 내린 선은 녹색 원의 중심에서 그은 선과 수직을 이루게 된다. 노란색 원의 지름에 녹색 원의 지름이 일치하도록 그렸으므로 노란색 원의 지름과 빨간색 원의 중심에서 녹색 원과 파란색 이등변삼각형이 접하는 부분까지 그은 선은 수직이다.

조련사는 먼저 양을 태우고 강을 건넌다. 양을 내려놓고 돌아온 조련사는 사자를 싣고 강을 건넌 후 사자를 내리고 양을 다시 태운다. 양을 태우고 처음자리로 돌아온 조련사는 양을 내리고 곡식자루를 싣는다. 곡식자루를 강 건너 사자 옆에 둔 뒤 다시 돌아와 양을 싣고 강을 건너면 모두 다 안전하게 건널 수 있다.

여러 가지 방법이 있겠으나 아불 와파가 푼 방법은 다음과 같다.

해답 22

　점을 지나는 직선은 모두 하트 모양의 둘레를 2등분한다. 아래의 큰 반원의 둘레는 위 작은 반원 2개의 둘레의 합과 같기 때문이다.

큰 반원의 둘레 $\dfrac{1}{2} \times 2\pi(2R) = 2\pi R$

작은 반원 2개의 둘레 $2 \times \dfrac{1}{2} \times 2\pi R = 2\pi R$

해답 23

몸통을 이루는 큰 삼각형 2개가 평행사변형을 이루면 앞 그림, 하나의 삼각형을 이루면 뒷그림을 만들 수 있다. 똑같아 보이겠지만 몸통에 튀어나온 삼각형의 크기가 뒷그림이 좀 작다.

9조각은 다음과 같이 나눈다.

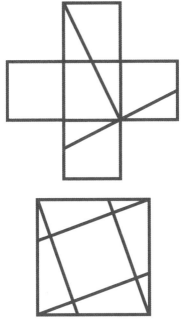

큰 정사각형을 만드는 방법의 예

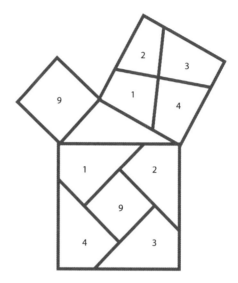

　두 번째 크기의 정사각형에 정사각형의 중심을 지나고 서로 수직인 두 직선을 그으면 정사각형은 4개의 합동인 사각형으로 나누어진다. 작은 정사각형과 이 4개의 사각형을 배열하면 가장 큰 정사각형이 된다.

정답은 500500이다.

10초 내로 계산해내었다면 당신은 수학의 천재 가우스와 동급이다.

820은 1에서 40까지 더한 수이므로 내 나이는 40세이다.

① 띠의 중심을 따라 자르면 두 개의 띠로 분리되는 것이 아니라 하나의 두 번 꼬인 띠가 된다.

② 띠의 중심을 따라 $\frac{1}{3}$씩 평행한 두 줄로 자르면 두 개의 띠로 분리된다. 하나는 처음과 같은 뫼비우스의 띠가 되고, 다른 하나는 길이가 두 배로 길어진 두 번 꼬인 띠가 된다.

점선을 따라 세 조각으로 자른 후 당나귀 그림을 서로 등이 마주보게 놓고 그 사이에 기수 그림을 놓는다. 그러면 당나귀가 달리고 기수가 등에 탄 형태로 그림이 보인다.

해답 30

불가능하다. 바꾸어 넣어야 하는 부분의 수가 짝수라면 원래대로 배열이 가능하지만 홀수인 경우에는 원래 상태로 배열할 수 없다. 14와 15 한자리만 바뀌어 있기 때문에 제대로 배열할 수 없다.

정삼각형, 정사각형, 정육각형 3가지뿐이다.

왜냐하면 테셀레이션을 하려면 정다각형이 서로 만나는 꼭 지점의 각이 360도가 되어야만 하기 때문이다. 정삼각형은 한 각이 60도이므로 6개가 모이면 360도가 되고 정사각형은 90도이므로 4개가 만나면 360도가 된다. 정육각형은 한 각이 120도이므로 3개가 만나면 360도가 되므로 평면을 꽉 채울 수 있다.

전체 면적의 $\frac{1}{4}$ 이므로 색칠한 부분의 면적의 합은 25이다.

바깥 삼각형 4개 중의 하나, 그 안의 삼각형 4개 중의 하나, 그 안의 삼각형 4개 중의 하나, 이런 식으로 계속 삼각형 4개 중의 하나가 색칠되어 있으므로.

약 244.5m 이동하였다.

$$200 \times \left(1 + \frac{2}{10} + \frac{2}{100} + \frac{2}{1000} + \cdots\right)$$

$$= 200 \times 1.22222\cdots$$

$$= 200 \times \left(1과 \ \frac{2}{9}\right)$$

$$= 244.444444\cdots$$

뱀이 자신의 꼬리를 물고 있는 모양이 된다.

$$
\begin{array}{r}
9\,5\,6\,7 \\
+\ 1\,0\,8\,5 \\
\hline
1\,0\,6\,5\,2
\end{array}
$$

D＝7, E＝5, M＝1, N＝6, O＝0, R＝8, S＝9, Y＝2

$$
\begin{array}{r}
4 \\
\times\ 7 \\
\hline
2\,8 \\
+\,6\,5 \\
\hline
9\,3
\end{array}
$$

　열 개의 자루에서 순서대로 금화를 꺼낸다. 첫 번째 자루에서는 1개, 두 번째 자루에서는 2개, 3번째 자루에서는 3개, …
열번째 자루에서는 10개를 꺼내서 저울에 단다.

　열 자루 모두 진짜 금화라면 저울의 무게는 10g×55=

550g이어야 하지만 만일 첫 번째 자루가 가짜 금화라면 1g이 부족할 것이다. 두 번째 자루가 가짜 금화면 2g, 열 번째 자루가 가짜 금화라면 10g이 부족할 것이다.

원판의 수가 N이라고 하면 원판을 이동시키는 횟수는 $S(n) = 2^n - 1$이므로 원판이 5개면 $2^5 - 1 = 31$

31번을 움직이면 된다.

병 안이 꽉 차도록 풍선을 불 수 없다.

풍선 안의 공기가 많아지면 병 안의 공기압도 높아져서 풍선을 누르기 때문에 아무리 힘껏 불어도 풍선은 어느 정도 이상 불어지지 않는다.

성벽을 5열로 만드는 방법은 여러 가지지만 왕이 제시한 그 림은 이런 모양이다.

안전한 성의 개수는 최대 2개가 가능하다.

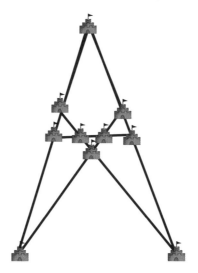

수학적으로 경우의 수는 앞-앞, 앞-뒤, 뒤-앞, 뒤-뒤로 4가 지에다가 동전이 모서리로 서는 경우. 하나가 굴러가서 잃어 버리는 경우. 옆에서 누가 받아버리는 경우 등 다양한 경우가 있다. 그 외에도 어떤 경우가 있을까? 상상해보라. ^^

초콜렛을 4. 10. 15. 20. 26. 30번 자리에 놓으면 된다.

16

범인은 공기이다.

베르누이의 원리에 따르면 기차가 들어올 때 그 주변은 공기가 빨리 움직이면서 저기압이 된다. 그러면 다른 곳의 공기들이 그곳으로 몰려든다. 그 힘에 의해 승강장 끝에 서 있는 사람이 기차 쪽으로 밀려서 떨어지게 된다. 때문에 기차가 역을 통과할 때 승강장 끝에 서 있는 것은 아주 위험하다.

3되 들어가는 그릇에 가득 기름을 따라서 7되 들어가는 그릇을 채운다. 두 번 붓고 마지막 한번 더 부으면 7되 그릇이 꽉 찼을 때 3되 그릇에 기름이 2되가 남는다. 그러면 7되 그릇의 기름을 항아리로 옮기고 3되 그릇에 있는 기름 2되를 7되 그릇에 넣는다. 다시 3되 그릇에 가득 기름을 따라서 7되 그릇에 담으면 된다. 7되 그릇에 5되만큼 담기고 항아리에 5되만큼 기름이 남았으므로 둘에게 똑같이 나누어줄 수 있다.

1500마리

처음 동굴 안에 있던 모기의 수를 x라고 하면

$$500 + 300 + \frac{1}{5}x + \frac{4}{7}x = x$$

35로 양변을 곱하면

$$28000 + 7x + 20x = 35x$$

$$35x - 27x = 28000$$

$$8x = 28000 \quad \therefore x = 3500$$

처음 있던 모기의 수는 3500마리이다.

박쥐가 먹은 모기의 수는 전체의 $\frac{3}{7}$이므로 1500마리이다.

9일 걸린다.

하루에 1미터씩이므로 8일이 지나면 8미터 올라오게 된다

9일째에 남은 2미터를 올라오면 개구리는 무사히 우물 밖으로 나온다.

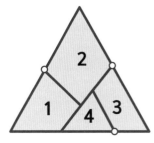

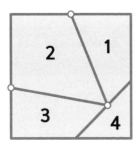

1)

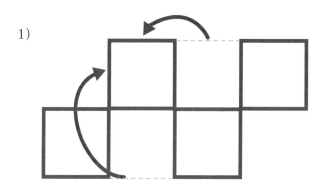

2)

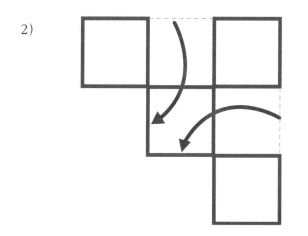

1111-1111을 여인의 말을 토대로 나눠보면, 앞에 11과 11, 뒤에 11과 11로 나눌 수 있다. 앞 세 자리는 더해서 둘로 나누었다 했으니 1~9의 수 중에서 더해서 22가 되는 세 수이고 뒷번호는 더해서 11이 되는 숫자쌍이 2개인 셈이다.

세 수를 더해서 22가 되는 경우는 (6, 7, 9), (5, 8, 9)뿐이다.

두 수를 더해서 11이 되는 경우는 (2, 9), (3, 8,) (4, 7), (5, 6)이다.

첫 번째 수는 짝수이고 작은 수가 앞에 서며 각 두 번째 수가 큰 형님이라고 했으므로 697-29○○이다. 계속해서 숫자가 겹치지 않으려면 전화번호는 697-2938이다.

```
                      5 8 7 8 1
125473 ) 7 3 7 5 4 2 8 4 1 3
         6 2 7 3 6 5
         1 1 0 1 7 7 8
         1 0 0 3 7 8 4
           9 7 9 9 4 4
           8 7 8 3 1 1
           1 0 1 6 3 3 1
           1 0 0 3 7 8 4
             1 2 5 4 7 3
             1 2 5 4 7 3
                       0
```

직각삼각형과 초승달
모양의 넓이를 구하려면
먼저 직각삼각형이 들어
있는 사분원의 넓이와 초
승달이 속한 반원의 넓이
를 구해야 한다.

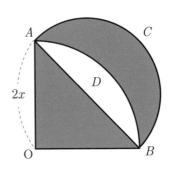

히포크라테스의 반원 그림

$\overline{OA} = 2x$라고 하면

사분원 $OADB$의 넓이는 원의 넓이의 $\dfrac{1}{4}$이므로

$$\frac{1}{4} \times \pi (2x)^2 = \frac{1}{4} \times 4\pi x^2 = \pi x^2$$

반원 ACB의 지름 AB는 피타고라스의 정리에 의해
$2\sqrt{2}\,x$이므로

$$\frac{1}{2} \times \pi \left(\sqrt{2}\,x\right)^2 = \frac{1}{2} \times 2\pi x^2 = \pi x^2$$

∴ 사분원 $OADB$의 넓이 = 반원 ACB

사분원 $OADB$와 반원 ACB는 ADB를 공유하므로 ADB를
제외한 나머지 부분인 직각삼각형과 초승달의 넓이는 같다.

4가지 색이면 충분하다.

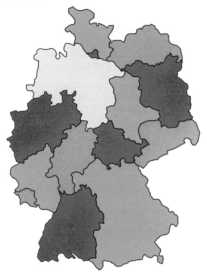

탈출하려면 대각선 방향으로만 움직여야 한다.

예를 들면 가운데 3에서 시작해서 남서쪽으로 주어진 숫자
만큼 계속 움직이다가 남서쪽 끝 6까지 간 후 방향을 바꿔서
(오던 길로 돌아감) 북동쪽으로 밟는 숫자만큼 움직이면 북동쪽
끝 5까지 간다. 그러면 다시 방향을 바꿔서(오던 길로 돌아감)
남서쪽으로 움직이면 남서쪽 끝 6 바로 전에 4에 도달. 거기
서 북서쪽으로 움직이면 탈출할 수 있다.

원기둥에서 원뿔을 뺀 부피와 반구의 부피는 같다.

이것을 그림만 보고 직관적으로 알아낸 당신은 수학적 능력이 탁월한 사람이다.

하나하나 살펴보면 원기둥의 단면의 넓이 $P = \pi r^2$ 이고,

원뿔의 단면의 넓이는 직각이등변삼각형이므로 $Q = \pi h^2$ 이다.

반구의 단면의 넓이는 피타고라스의 법칙에 따라

$$R = \pi (r^2 - h^2)$$

이므로 두 그림 사이의 관계를 살펴보면,

$P - Q = \pi r^2 - \pi h^2 = \pi (r^2 - h^2) = R$ 로 같다.

'카발리에리의 원리'에 의해 두 도형의 부피 또한 같다.

식으로 확인해보면 다음과 같다.

$$\text{원기둥의 부피} - \text{원뿔의 부피} = \pi r^3 - \frac{\pi r^3}{3} = \frac{2\pi r^3}{3}$$

$$\text{반구의 부피} = \frac{1}{2}\left(\frac{4\pi r^3}{3}\right) = \frac{2\pi r^3}{3}$$

5번

1과 자신만으로 나누어지는 수는 소수를 의미한다. 1을 제외하고 2를 선택한다. 그리고 2의 배수가 되는 방을 모두 제외한다. 3을 선택한 후 다시 3의 배수가 되는 방을 모두 제외한다. 5를 선택한 후 5의 배수가 되는 방을 제외한다. 7을 선택한 후 7의 배수가 되는 방을 제외한다. 이런 식으로 제외하면 100개 중에서 25개의 방만 선택할 수 있다.

해답
58

어느 R에서 시작하든지 REDRUM은 & 주변의 M에서 끝난다. R에서 시작하는 방법은 372가지.

MURDER는 & 주변의 M부터 시작하여 R로 끝나므로 반대로 가면 372가지. 두 가짓수를 곱하면 가능한 모든 방법 개수가 나온다.

무려 138384개나 된다.

해답
59

40m

거미가 파리에게 가는 여러 가지 경로 중 가장 짧은 경로를 찾으려면 방을 직육면체 상자라고 보고 전개도를 그려야 한다. 중앙라인을 따라 직선으로 이동할 경우에는 42m이지만 대각선으로 이동하면 40m만 움직이면 된다.

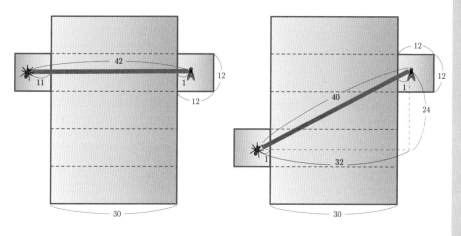

$$24^2 + 32^2 = 40^2$$

두 원의 크기는 같다. 단지 착시에 의해 한쪽이 더 커 보일 뿐.

《상의 1%가 즐기는 창의 수학 퍼즐 1000》 이반 모스코비치 지음 터닝포인트

《샘로이드 수학퍼즐 1, 2》 샘로이드 지음. 마틴 가드너 편집 보누스

《천재들이 즐기는 수학퍼즐게임》 한다 료스케 일출봉

《수학파티》 알브레히트 보이텔슈파허, 마르쿠스 바그너 Gbrain

《재미있는 영재들의 수학퍼즐》 박부성. 자음과 모음

《머리가 좋아지는 도형퍼즐》 아이자와 아키라 H&book

《창의력을 키워주는 퍼즐여행》 샘 로이드 하늘아래

《수학천재를 만드는 두뇌 크레이닝 1, 2》 가레스 무어 작은 책방

《매일매일 두뇌트레이닝 수학퍼즐 1~4》 칼턴 편집부 Gbrain

《가장 쉬운 수학 – 도형》 김용희 Gbrain

《조충지가 들려주는 원 이야기》 권현직 자음과 모음

네이버캐스트 오늘의 과학/수학산책 http://navercast.naver.com/

위키피디아 www.wikiedia.org/

179

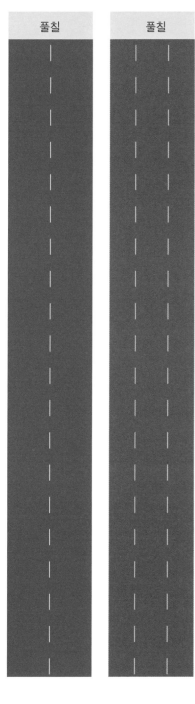

uiz **29**

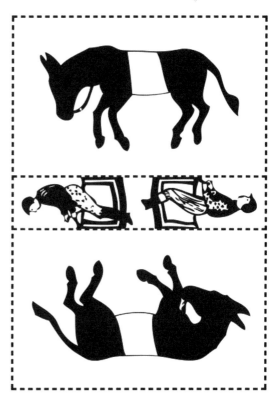

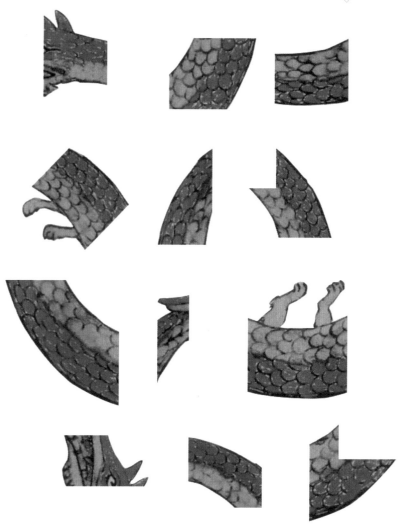